普通高等院校应用型人才培养"十四五"规划教材

数据库系统实验设计

王浩鸣　李秀娟◎主编

中国铁道出版社有限公司

CHINA RAILWAY PUBLISHING HOUSE CO., LTD.

内 容 简 介

本书以信息技术人才对数据库理论和应用的知识结构需求及应用型和技能型人才的培
养为导向，运用大量原创的教学案例和示例程序来剖析数据库的理论与实践知识。

本书共分 10 章，每章都安排了层次要求不同的实验，讲述数据库的基本理论知识和
数据库管理系统 SQL Server 2016 的应用，其内容包括 SQL Server 2016 的安装与配置、
数据库管理、数据表管理、数据查询、索引和视图操作、数据库安全性实验、数据库完整
性约束、数据库编程、数据库访问技术以及数据库备份与恢复。

本书融理论与实验教学为一体，强调实践性，突出实用性，适合作为普通高等院校软件
工程、计算机、信息管理和电子商务等相关专业的数据库方面课程的教学用书，也可作为计
算机培训机构的数据库培训教材，以及广大计算机应用和软件开发人员的学习参考用书。

图书在版编目（CIP）数据

数据库系统实验设计/王浩鸣，李秀娟主编. —北京：
中国铁道出版社有限公司，2021.8
普通高等院校应用型人才培养"十四五"规划教材
ISBN 978-7-113-28036-9

Ⅰ.①数… Ⅱ.①王… ②李… Ⅲ.①数据库系统-高等
学校-教材 Ⅳ.①TP311.13

中国版本图书馆CIP数据核字（2021）第112566号

书　　名：数据库系统实验设计
作　　者：王浩鸣　李秀娟

策　　划：刘丽丽　　　　　　　　　　　　编辑部电话：（010）51873202
责任编辑：刘丽丽　包　宁
封面设计：付　巍
封面制作：刘　颖
责任校对：焦桂荣
责任印制：樊启鹏

出版发行：中国铁道出版社有限公司（100054，北京市西城区右安门西街 8 号）
网　　址：http://www.tdpress.com/51eds/
印　　刷：北京柏力行彩印有限公司
版　　次：2021 年 8 月第 1 版　2021 年 8 月第 1 次印刷
开　　本：787 mm×1 092 mm　1/16　印张：13.5　字数：326 千
书　　号：ISBN 978-7-113-28036-9
定　　价：38.00 元

随着信息技术的迅猛发展，数据库技术已经广泛应用于各种类型的数据处理系统中。数据库技术与操作系统一起构成了信息处理的平台。了解并掌握数据库知识已经成为各类科技人员和管理人员的基本要求。数据库技术主要研究数据的存储、提取、处理和分析，是计算机软件领域的一个重要分支，居于计算机应用技术的中心地位。

全书以信息技术人才对数据库理论和应用的知识结构需求及创新型和应用型人才的培养为导向，区别于市场上同类书籍的最大特色在于：本书中的很多内容是编者长期从事软件开发和教学工作经验的积累和总结，教学案例分别从理论和实际工程应用的角度介绍数据库结构的设计，并将数据库原理融入案例中，深度介绍数据的完整性与一致性的实现方法及数据库的开发技术。本书的案例贯穿整个教学体系，上下贯通，融为一体，由浅入深，由易到难，循序渐进，理论与实际相结合，强调实践性，突出实用性，示例程序围绕案例数据库，紧扣知识点，创新性强，特色鲜明。

在数据库技术教学中，我们发现专业基础知识不能脱离实践，否则无法做到学以致用。本书以基本理论为基础，以旅游管理信息系统中"Tours"数据库管理系统为例，将理论与实践相结合，一方面详细阐述 SQL Server 2016 和数据库的基本知识，另一方面注重数据库的实际开发与应用，有效地培养了学生的动手能力。全书共分 10 章，其中，第 1 章介绍 SQL Server 2016 的安装与配置；第 2 章介绍数据库管理，包括数据库的创建、修改和删除等基本操作；第 3 章介绍数据表管理；第 4 章介绍数据查询；第 5 章介绍索引和视图的操作；第 6 章介绍数据库安全性；第 7 章介绍数据库完整性约束；第 8 章介绍数据库编程相关知识，熟悉变量和常量的使用方法，掌握运算符、表达式的使用，理解函数、流程控制语句、存储及游标的定义和使用；第 9 章介绍数据库访问技术，其内容包括掌握 SQL Server 2016 数据库的连接、ADO.NET 对数据库的连接以及访问和数据库应用程序开发的基本方法；第 10 章介绍数据库备份与恢复的原理及方法，将理论与实践结合起来，提高读者的动手能力。

本书提供了大量的例题，有助于读者理解概念、巩固知识、掌握要点。本书在选材上力求概念清晰，重点突出，原理明确；内容组织上由浅入深，循序渐进。另外，本书理论、实践并重，结构安排合理，突出了数据库的基本概念和应用方法。

本书由王浩鸣、李秀娟任主编。第 1 章、第 2 章由李秀娟编写，第 3 章、第 4 章由王浩鸣编写，第 5 章、第 6 章由李薇、李秀娟编写，第 7 章、第 10 章由殷亚玲、李秀娟编写，第 8 章、第 9 章由刘通、李秀娟编写。全书由王浩鸣、李秀娟统稿。

限于时间和编者水平，本书仍难免有不足之处，希望广大读者不吝赐教。

编　者

2021 年 5 月

目 录

第1章

SQL Server 2016 的安装与配置

1.1 实验目的

1. 了解 SQL Server 2016 的新功能。
2. 掌握 SQL Server 2016 的安装过程。
3. 熟悉 SQL Server 2016 的组成。
4. 熟悉 SQL Server Management Studio 的环境及基本操作。

1.2 知识要点

SQL Server 是 Microsoft 公司推出的一种工作组级的关系数据库管理系统。它最初是由 Microsoft、Sybase 和 Ashton Tate 三家公司共同开发，于 1988 年推出了第一个 OS/2 版本。SQL Server 是一个可扩展的、高性能的为分布式客户机/服务器计算所设计的数据库管理系统，提供了基于事务的企业级信息管理系统方案。在 Windows NT 推出后，Microsoft 与 Sybase 在 SQL Server 的开发上分道扬镳。Microsoft 将 SQL Server 移植到 Windows NT 系统上，专注 SQL Server 的 Windows NT 版本开发与推广；Sybase 则专注于 SQL Server 在 UNIX 操作系统上的应用。

1.2.1 SQL Server 2016 简介

20 多年来，微软开发的数据库管理系统 SQL Server 得到了广泛应用，且不断快速发展和完善，其版本发布时间和开发代号见表 1–1。

表 1–1 SQL Server 版本发布时间和开发代号

发 布 时 间	版　　本	开 发 代 号
1995 年	SQL Server 6.0	SQL 95
1996 年	SQL Server 6.5	Hydra
1998 年	SQL Server 7.0	Sphinx
2000 年	SQL Server 2000	Shiloh
2003 年	SQL Server 2000 Enterprise 64 位版	Liberty

续表

发布时间	版 本	开发代号
2005年	SQL Server 2005	Yukon
2008年	SQL Server 2008	Katmai
2012年	SQL Server 2012	Denali
2014年	SQL Server 2014	SQL14
2016年	SQL Server 2016	-

SQL Server 2016 是 Microsoft 数据平台历史上最大的一次跨越性发展，SQL Server 2016 与 SQL Server 2014 相比，引进了一系列新功能，帮助各种规模的业务从信息中获取更多价值。经过改进的 SQL Server 2016 增强了开发能力，提高了可管理性，强化了商业智能及数据仓库。

1.2.2 SQL Server 2016新功能

从最早的OS/2版本到如今的SQL Server 2016，SQL Server的每一代产品都会在完善基本功能的前提下增加新的功能，微软SQL Server 2016正式版有涉及数据库引擎、分析服务等多个方面的功能性增强和改进，同时也增加了很多全新的功能，如伸展数据库、动态数据屏蔽、行级安全、数据全程加密、历史表等。

1. 伸展数据库

SQL Server 2016提供了"伸展数据库（Stretch Database）"，可将"热数据（Hot Data）"存储在本地，并向应用程序提供本地服务器性能，而将不会发生任何变化的老数据存储在云上。当启用伸展数据库时，系统会创建一个Azure数据库，将表标记为"stretch"，SQL Server自动开始将数据迁移到云上。

2. 动态数据屏蔽

SQL Server 2016通过动态数据屏蔽（Dynamic Data Masking）的特性解决敏感信息泄露问题。如果在创建列时附加屏蔽，系统默认只会返回透过屏蔽暴露出来的数据。而利用此功能可以将SQL Server数据库表中待加密数据列混淆，那些未授权用户将看不到这部分数据。

3. 行级安全

SQL Server 2016中的行级安全（Row Level Security）基于一个专门设计的内联表值函数。通过该功能，可根据SQL Server登录权限限制对行数据的访问。在数据库层面实现行级安全意味着应用程序开发人员不再需要维护代码限制某些登录或者允许某些登录访问所有数据。有了这一功能，用户在查询包含行级安全设置的表时，他们甚至不知道查询的数据是已经过滤后的部分数据。

4. 数据全程加密

SQL Server 2016通过新的全程加密（Always Encrypted）特性让加密工作变得更简单，这项特性确保在数据库中不会看到敏感列中的未加密值，并且无须对应用进行重写。使用该功能，可以避免数据库或者操作系统管理员接触客户应用程序敏感数据。该功能现在支持敏感数据存储在云端管理数据库中，并且永远保持加密，即便是云供应商也看不到加密数据。

5. 历史表

历史表（Temporal Table）会在基表中保存数据的旧版本信息。有了历史表功能，SQL Server 2016 会在每次基表有行更新时，自动迁移旧的数据版本到历史表中。历史表在物理上是与基表独立的另一个表，但是与基表是有关联关系的。如果用户已经构建或者计划构建自己的方法来管理行数据版本，那么应该先看看 SQL Server 2016 中新提供的历史表功能，然后再决定是否需要自行构建解决方案。

6. 内存列存储索引

SQL Server 2016 的一项新特性是可以在内存优化表上添加列存储索引。列存储索引是一种按照列而不是行组织数据的索引。每个数据块只存储一个列的数据，最多包含 100 万行。因此，如果数据为 5 列 1 000 万行，那么就需要存储在 50 个数据块中。当只查询部分列时，这种数据组织策略特别有效，因为数据库不会从磁盘读取用户不关心的列。

7. 多 tcmpdb 数据库文件

在多核计算机中，运行多个 tempdb 数据文件就是最佳实践做法。在 SQL Server 2014 版本中，安装 SQL Server 之后总是不得不手工添加 tempdb 数据文件。在 SQL Server 2016 版本中，用户可以在安装 SQL Server 时直接配置需要的 tempdb 文件数量。这样就不再需要安装完成之后再手工添加 tempdb 文件了。

8. 增加 R 语言支持

微软为了大数据战略，R 语言的开发商 Revolution Analytics 把 R 语言内置，即可直接在 SQL Server 中执行 R 语言编写的代码。而无须把数据从数据库中提取出来，降低了数据读取和导给 R 语言的时间损耗。

9. Query Store

在 SQL Server 2016 中通过名为 Query Store 的特性对执行计划的历史变动进行保存。一旦启用了 Query Store，它就会将每个查询中的信息进行日志记录，包括：执行次数、执行时间、内存占用、逻辑读取、逻辑写入、物理读取、执行计划变更次数。为了减少对服务器的压力，这些信息是按照固定的时间窗口进行聚合的。如果需要更详细的数据，可转而使用扩展事件特性。

10. 增加 JSON 支持

JSON（Java Script Object Notation）是一种轻量级的数据交换格式。SQL Server 2016 提供 JSON 操作原生支持，可以解析 JSON 格式数据，然后以关系格式存储。此外，利用对 JSON 的支持，还可以把关系型数据转换成 JSON 格式数据。

1.2.3　SQL Server 2016 不同版本

根据应用程序的需要，安装要求会有所不同。不同版本的 SQL Server 能够满足单位和个人独特的对性能、运行时间以及价格的要求，安装哪些 SQL Server 组件取决于用户的具体需要。SQL Server 2016 常见的版本有以下 5 种。

1. SQL Server 2016 企业版

SQL Server 2016 企业版（SQL Server 2016 Enterprise Edition）是一个全面的数据管理和业务智能平台，为关键业务提供了企业级的可扩展性、数据仓库、安全、高级分析和报表支持。这一版本将为用户提供更加坚固的服务器和执行大规模在线事务处理。

2. SQL Server 2016 标准版

SQL Server 2016 标准版（SQL Server 2016 Standard Edition）是一个完整的数据管理和业务智能平台，为部门级应用提供了最佳的易用性和可管理特性。

3. SQL Server 2016 开发版

SQL Server 2016 开发版（SQL Server 2016 Developer Edition）支持开发人员基于 SQL Server 构建任意类型的应用程序。它包括企业版的所有功能，但有许可限制，只能用作开发和测试系统，而不能用作生产服务器。

4. SQL Server 2016 Web 版

SQL Server 2016 Web 版（SQL Server 2016 Web Edition）对于 Web 主机托管服务提供商和 Web VAP 而言，SQL Server Web 版是一项总拥有成本较低的选择，它可针对从小规模到大规模 Web 资产等内容提供可伸缩性、经济性和可管理性能力。

5. SQL Server 2016 精简版

SQL Server 2016 精简版（SQL Server 2016 Express Edition）是 SQL Server 2016 的一种轻量级版本，它具备可编程性功能，但在用户模式下运行，还具有零配置快速安装和必备组件要求较少的特点。这一版本是为了学习创建桌面应用和小型服务器应用而发布的，也可供 ISV 再发行使用。

1.2.4 SQL Server 2016 软硬件要求

SQL Server 2016 是一款系统资源消耗相对较大的软件，在安装之前，首先需要对计算机的硬件和软件环境进行评估，如果软硬件没有达到要求，则无法安装。系统要求最低硬件配置如表 1-2 所示。

表 1-2 SQL Server 2016 的安装环境需求

组　件	要　求
硬盘	至少 6 GB 可用硬盘空间
显示器	要求有 Super-VGA（800×600）或更高分辨率的显示器
内存	最低要求： 　Express Editions：512 MB 　所有其他版本：1 GB 建议： 　Express Editions：1 GB 　所有其他版本：至少 4 GB 并且应随着数据库大小的增加而增加，以确保性能最佳
处理器速度	最低要求 　x64 处理器：1.4 GHz 建议：2.0 GHz 或更高
处理器类型	x64 处理器：AMD Opteron、AMD Athlon 64、支持 intel EM64T 的 Intel Xeon、支持 EM64T 的 Intel Pentium IV

安装 SQL Server 2016 除了要符合表 1-2 中的硬件要求外，在软件环境方面，首先建议在 NTFS 文件格式下运行 SQL Server 2016，因为 FAT32 格式没有文件安全系统；其次，NET Framework 3.5 SP1 是 SQL Server Management Studio 必需的，在安装 SQL Server 之前要确保有 .NET Framework 环境。在安装 SQL Server 2016 之前要确保计算机操作系统为 Windows 8 或以上版本，否则会因为缺少组件而导致无法正常安装，并且仅 x64 处理器支持 SQL Server 2016 的安装，x86 处理器不再支持此安装。

1.2.5　SQL Server 2016 安装过程

以 SQL Server 2016 企业版的安装为例进行介绍，具体安装过程如下：

（1）打开 SQL Server 2016 安装程序，双击文件夹中的 setup.exe 文件，进入 SQL Server 2016 的安装中心界面，单击安装中心左侧的"安装"选项，右侧列出多种安装选项，如图 1-1 所示。

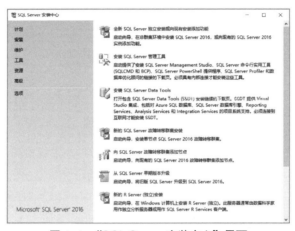

图 1-1　"SQL Server 安装中心"界面

（2）如果为初次安装，则选择"全新 SQL Server 独立安装或向现有安装添加功能"选项，进入"产品密钥"界面（已隐去密钥），输入购买的产品密钥或者指定可用版本，单击"下一步"按钮，如图 1-2 所示。

图 1-2　"产品密钥"界面

（3）进入"许可条款"界面，选择"我接受许可条款"复选框，单击"下一步"按钮，如图1-3所示。

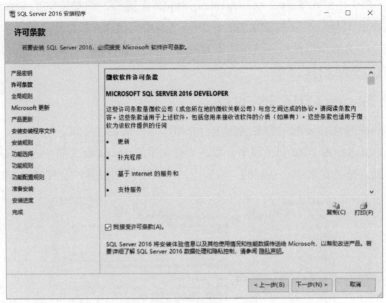

图1-3 "许可条款"界面

（4）进入"全局规则"界面，安装程序将对系统进行一些常规检测，可能要花费几秒，试具体情况而定，完成后单击"下一步"按钮，如图1-4所示。

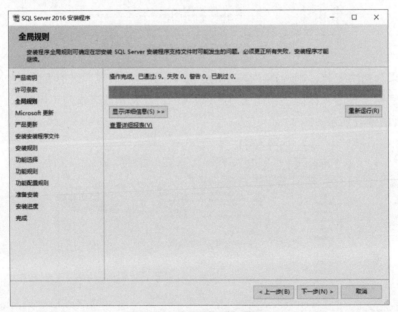

图1-4 "全局规则"界面

（5）进入"Microsoft更新"界面，取消选择"使用Microsoft Update检查更新（推荐）"复选框，单击"下一步"按钮，如图1-5所示。

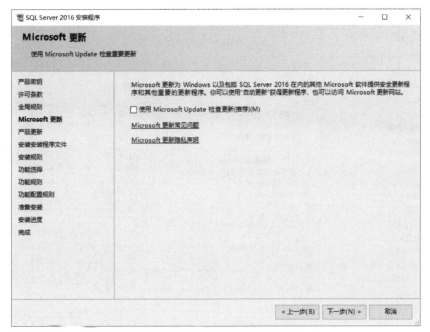

图 1-5 "Microsoft 更新"界面

（6）进入"安装规则"界面，安装程序将自动进行第二次支持规则的检测，以检查是否存在可能妨碍安装的因素，单击"下一步"按钮，如图1-6所示。

图 1-6 "安装规则"界面

（7）进入"功能选择"界面，选择要安装的组件。选择各个组件组时，"功能说明"区域中会显示相应的说明。为了以后学习方便，建议全选，然后单击"下一步"按钮，如图1-7所示。

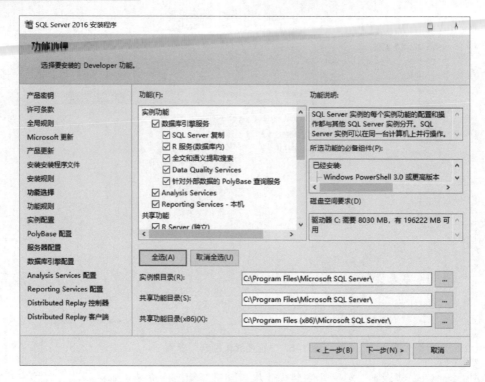

图 1-7 "功能选择"界面

（8）进入"实例配置"界面，为安装的软件选择默认实例或已命名的实例。每个实例必须有唯一的名称，这里选择"默认实例"单选按钮，单击"下一步"按钮，如图1-8所示。

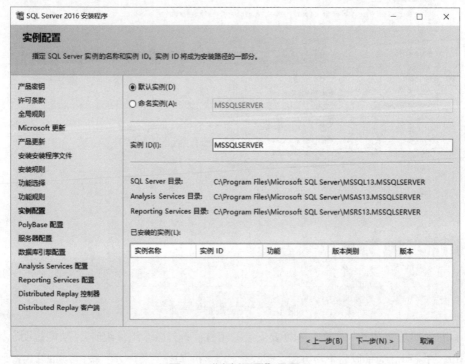

图 1-8 "实例配置"界面

（9）PolyBase配置，如图1-9所示。

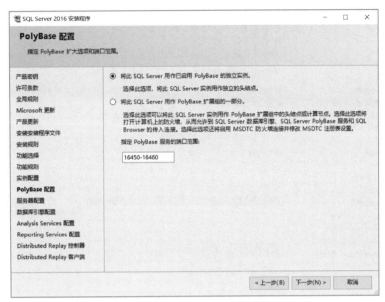

图1-9　"PolyBase 配置"界面

（10）进入"服务器配置"界面，选择"服务账户"选项卡，为SQL Server服务账户指定用户名、密码和域名，可以对所有服务使用一个账户，如图1-10所示。

图1-10　"服务器配置"界面

（11）进入"数据库引擎配置"界面，选择要用于SQL Server安装的身份验证模式。如果选择Windows身份验证，安装程序会创建一个sa账户，该账户在默认情况下是被禁用的。选择"混合模式身份验证"时，请输入并确认系统管理员sa的登录密码。建议选择混合模式，并输入安全的密码，如图1-11所示。

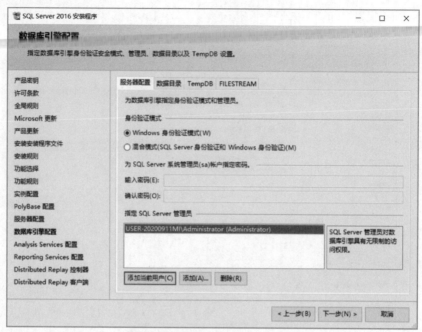

图 1-11 "数据库引擎配置"界面

（12）进入"Analysis Service 配置"界面，推荐使用默认设置，如图1-12所示。

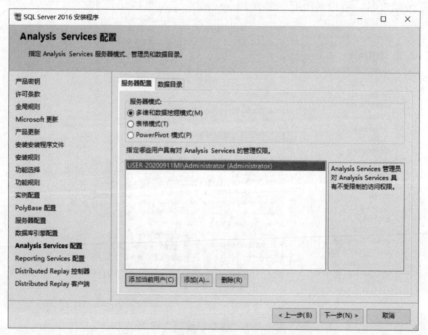

图 1-12 "Analysis Service 配置"界面

（13）如果选择Reporting Services作为要安装的功能，将显示报表服务器安装选项界面。选择是否使用默认值配置报表服务器。如果没有满足在默认配置中安装Reporting Services的要求，则必须选择"安装但不配置服务器"安装。若要继续安装，则单击"下一步"按钮，如图 1-13 所示。

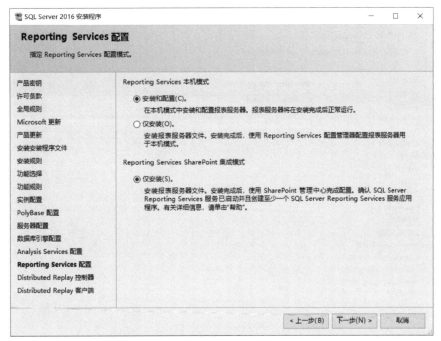

图 1-13　"Reporting Services 配置"界面

（14）进入"Distributed Replay 控制器"界面。推荐使用默认设置（添加当前用户），单击"下一步"按钮，如图 1-14 所示。

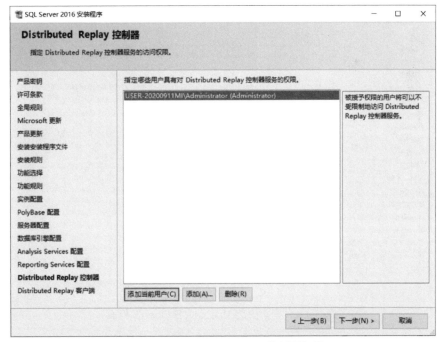

图 1-14　"Distributed Replay 控制器"界面

（15）进入"Distributed Replay客户端"界面，推荐使用默认设置，如图1-15所示。

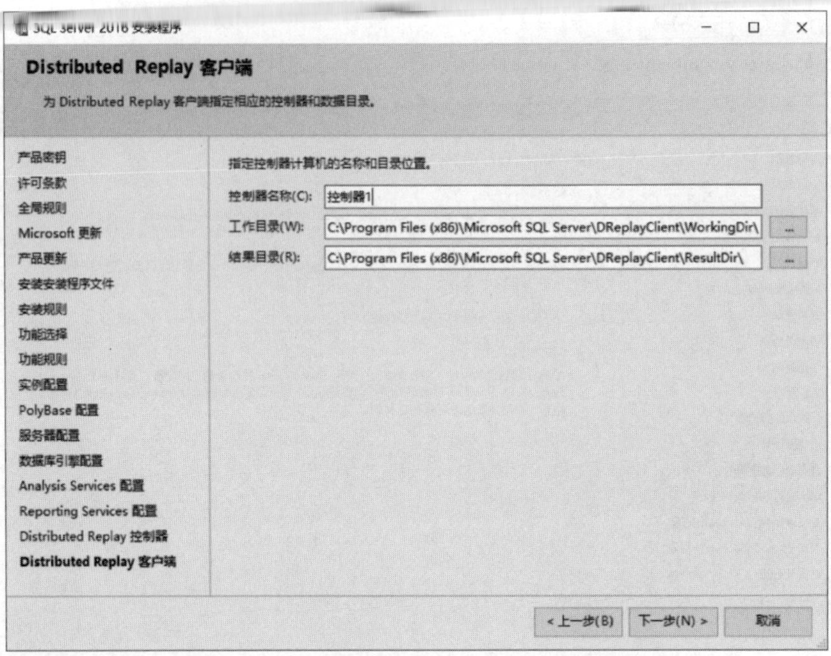

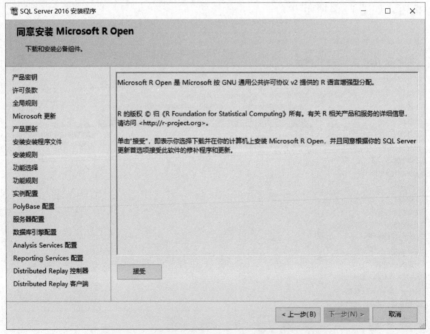

图 1-15 "Distributed Replay 客户端"界面

（16）进入"同意安装Microsoft R Open"界面，单击"接受"按钮，如图1-16所示。

图 1-16 "同意安装 Microsoft R Open"界面

（17）进入"准备安装"界面，查看要安装的SQL Server功能和组件摘要。若要继续安装，单击"安装"按钮，如图1-17所示。

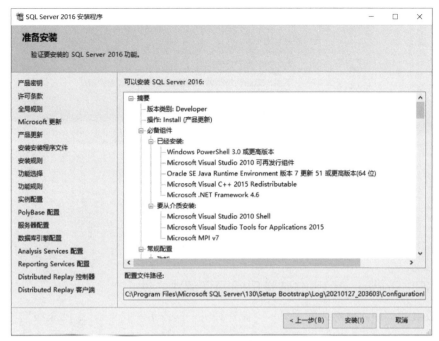

图 1-17　"准备安装"界面

（18）进入"安装进度"界面，可以在安装过程中监视安装进度。若要在安装期间查看某个组件的日志文件，单击"安装进度"界面中的产品或状态名称，如图 1-18 所示。

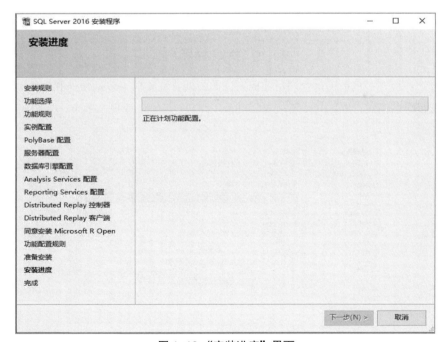

图 1-18　"安装进度"界面

（19）进入"完成"界面，可以通过单击此界面中提供的链接查看安装摘要日志。安装最终完成，如图 1-19 所示。

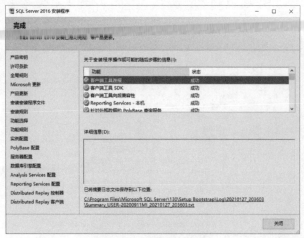

图 1-19　"完成"界面

1.2.6　SQL Server 2016 安装常见问题及解决方法

（1）安装过程中弹出对话框，显示"此计算机上操作系统或 Service Pack 级别不满足 SQL Server 2016 的最低要求……"，如图 1-20 所示。

图 1-20　安装程序对话框

解决方法：检查本机系统是否满足前面所述的最低安装要求，包括硬件和软件。

（2）安装时的错误：PolyBase 要求安装 Oracle JRE 7 更新 51 或更高版本，如图 1-21 所示。

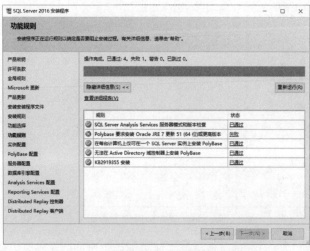

图 1-21　"功能规则"界面安装失败信息

单击"失败"超链接，弹出"规则检查结果"对话框，如图 1-22 所示。

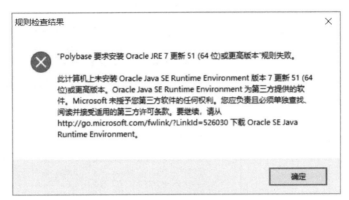

图 1-22 "规则检查结果"对话框

解决方法：下载安装 JDK7，重新运行即可。注意：JDK8 是不可以解决的。

（3）重装问题及解决。如果之前安装了 SQL Server 系列数据库，需清理干净系统保存的所有相关文件。具体方法如下：

① 将已经安装过的服务停止，打开"任务管理器"窗口，选择"服务"选项卡，单击左下角的"打开服务"超链接，如图 1-23 所示。

图 1-23 "任务管理器"窗口

② 将所有 SQL Server 相关的服务停止，如图 1-24 所示。

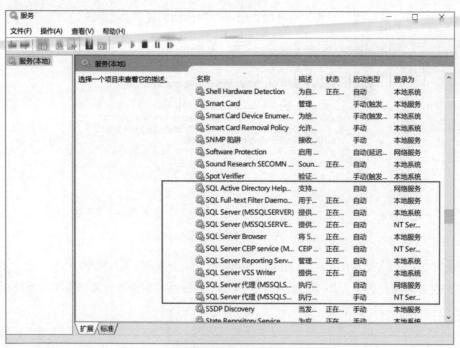

图 1-24 "服务"窗口

③ 打开"控制面板"窗口，单击"程序卸载"图标，选择所有与 SQL Server 有关的程序进行卸载，卸载顺序依据 SQL Server 版本降序进行，即优先卸载高版本的主要安装程序，如图 1-25 所示。

图 1-25 "程序和功能"窗口

④ 下载 Windows Installer Clean Up，选择所有与 SQL Server 相关的程序，单击 Remove 按钮清除，如图 1-26 所示。

图 1-26　Windows Installer Clean Up 界面

⑤ 清理注册表：按【Windows+R】组合键打开控制台，输入 regedit 命令打开注册表。进入计算机下 \HKEY_CURRENT_USER\Software\Microsoft，删除 SQL Server 相关项，进入计算机下 \HKEY_LOCAL_MACHINE\SOFTWARE\Microsoft，删除 SQL Server 相关项，标记项如图 1-27 和图 1-28 所示。

图 1-27　SQL Server 注册表信息（一）

图 1-28　SQL Server 注册表信息（二）

⑥ 清除安装目录文件夹及相关文件。找到安装目录，删除 Microsoft SQL Server 2016，同时，清除的还有映射文件 C:\Program Files（x86）\Microsoft SQL Server 和实例存放的文件 C:\User，如图 1-29 所示。

Microsoft Analysis Services	2019/10/29 20:17	文件夹
Microsoft Office	2019/11/28 14:02	文件夹
Microsoft SQL Server	2020/12/2 20:31	文件夹
Microsoft SQL Server Compact Edition	2019/10/30 13:14	文件夹
Microsoft Sync Framework	2019/10/29 20:12	文件夹
Microsoft Update Health Tools	2020/12/2 22:59	文件夹
Microsoft Visual Studio 10.0	2020/12/2 20:26	文件夹
Microsoft Visual Studio 11.0	2019/10/30 12:58	文件夹

图 1-29　清除目录文件夹

⑦ 重启计算机，检查是否清除完毕，进行重装。注意：在安装选择实例时，名称不要和之前安装过的实例名字重复。选择 Reporting Service 配置时仅安装即可。

对 SQL Server 2016 的操作主要是在 SQL Server Management Studio（SSMS）中完成。SSMS 是 SQL Server 提供的一种集成化开发环境。SSMS 工具简易直观，可以使用该工具访问、配置、控制、管理和开发 SQL Server 的所有组件。SSMS 同时对多样化的图形工具与多种功能齐全的脚本编辑器进行了整合，极大地方便了各种开发人员和管理人员对 SQL Server 的访问。

默认情况下，SSMS 并没有被安装，下面将给出 SSMS 安装的具体操作步骤。

1.2.7　SSMS 安装过程

（1）在 SQL Server 2016 的安装中心界面，单击左侧的 "安装" 项目，单击 "安装 SQL Server 管理工具" 选项，如图 1-30 所示。

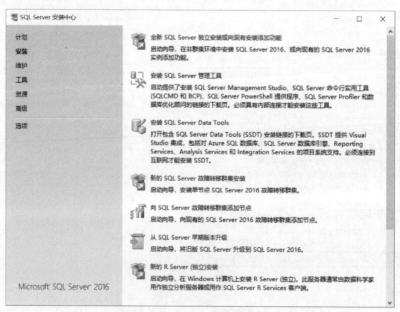

图 1-30　"SQL Server 安装中心" 界面

（2）在打开的页面中单击"下载 SQL Server Management Studio（SSMS）"链接，如图 1-31 所示。

图 1-31　SSMS 下载界面

（3）下载完成后，双击下载文件 SSMS-Setup-CHS.exe，打开安装界面，单击"安装"按钮，如图 1-32 所示。

图 1-32　SSMS 的安装界面

（4）安装完成后，单击"关闭"按钮即可，如图1-33所示。

图 1-33 安装完成

1.2.8 SQL Server 2016的组成

SQL Server 2016由5部分组成：数据库引擎、分析服务、集成服务、报表服务和主数据服务。

1. 数据库引擎

数据库引擎（SQL Server Database Engine，SSDE）是用于存储、处理和保护数据的核心服务。利用数据库引擎可控制访问权限并快速处理事务，从而满足企业内大多数需要处理大量数据的应用程序的要求。使用数据库引擎创建用于联机事务处理或联机分析处理数据的关系数据库。这包括创建用于存储数据的表和用于查看、管理和保护数据安全的数据库对象（如索引、视图和存储过程）。

2. 分析服务

分析服务（SQL Server Analysis Server，SSAS）提供了多维分析和数据挖掘功能，可以支持用户建立数据库和进行商业智能分析。相对OLAP（Online Analysis Processing，联机事务分析）来说，OLTP（Online Transaction Processing，联机事务处理）是由数据库引擎负责完成的，使用SSAS服务可以设计、创建和管理包含来自于其他数据源数据的多维结构，对多维数据进行多个角度的分析，可以支持管理人员对业务数据的全面理解。另外，通过使用SSAS服务，用户可以完成数据挖掘模型的构造和应用，实现知识发现、知识表示、知识管理和知识共享。

3. 集成服务

集成服务（SQL Server Integration Services，SSIS）是一个数据集成平台，可以完成有关数据的提取、转换、加载等。例如：对于分析服务来说，数据库引擎是一个重要的数据源，如何将数据源中的数据经过适当的处理加载到分析服务中以便进行各种分析处理，是SSIS服务所要解决的问题。重要的是SSIS服务可以高效地处理各种各样的数据源，除了SQL Server数据之外，还可以处理Oracle、Excel、XML文档、文本文件等数据源中的数据。

4．报表服务

报表服务（SQL Server Reporting Services，SSRS）为用户提供了支持Web的企业级的报表功能。通过使用SQL Server 2008系统提供的SSRS服务，用户可以方便地定义和发展不满足自己需求的报表。无论是报表的局部格式，还是报表的数据源，用户都可以轻松地实现，这种服务极大地便利了企业的管理工作。满足了管理人员高效、规范的管理需求。

5．主数据服务

主数据服务（Master Data Service）是针对主数据管理的SQL Server解决方案，包括复制服务、服务代理、通知服务和全文检索服务等功能组件，共同构成完整的服务架构。

1.3 实 验 内 容

1.3.1　SQL Server 2016服务启动

下面主要介绍利用SQL Server 配置管理器完成启动、暂停和停止服务等操作，其操作步骤如下：

（1）单击"开始"按钮，选择Microsoft SQL Server 2016→"配置工具"→"SQL Server配置管理器"选项，打开图1-34所示的SQL Server Configuration Manager窗口。单击"SQL Server服务"选项，在右侧的窗格中可以看到本地所有SQL Server服务，包括不同实例的服务。

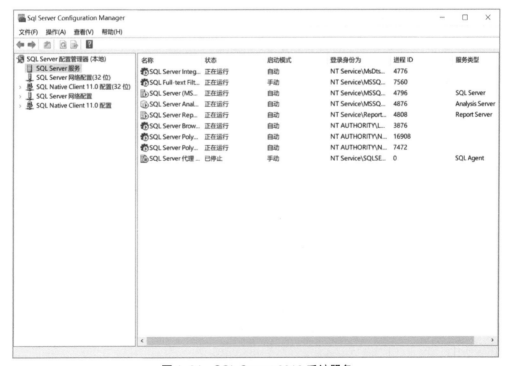

图 1-34　SQL Server 2016 系统服务

（2）如果要启动、停止、暂停或重新启动SQL Server服务，右击服务名称，在弹出的快捷菜单中选择"启动"、"停止"、"暂停"或者"重新启动"命令即可。

也可以在桌面上右击"计算机"图标，在弹出的快捷菜单中选择"管理"→"服务和应用程序"命令，在服务窗口中可查看、启动、停止、暂停和重新启动相应的服务。

1.3.2 SSMS连接

SQL Server Management Studio（SSMS）是SQL Server 2016提供的集成化开发环境。SSMS简单直观，可以使用该工具访问、配置、控制、管理和开发SQL Server中的所有组件。SSMS将早期版本中的企业管理器、查询分析器和Analysis Manager功能整合到单一环境中，使得SQL Server中所有组件能够协同工作，同时还对多样化的图形工具与多功能的脚本编辑器进行了整合，极大地方便了开发人员和管理人员对SQL Server的访问。用户对SQL Server数据库的操作主要在SSMS中完成。

在安装SQL Server 2016之后首次启动SSMS时，将自动注册SQL Server的本地实例。

（1）单击"开始"按钮，选择"所有应用"→"Microsoft SQL Server 2016"→"SQL Server Management Studio"命令，弹出"连接到服务器"对话框，设置相关信息后，单击"连接"按钮，如图1-35所示，进入SSMS。

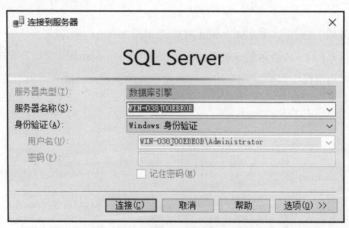

图1-35 "连接到服务器"对话框

"连接到服务器"对话框中各选项的含义如下：

① 服务器类型：从对象资源管理器进行服务器注册时，需选择要连接到何种类型的服务器：数据库引擎、Analysis Services、Reporting Services或Integration Services。默认是"数据库引擎"。

② 服务器名称：选择要连接到的服务器实例。默认情况下显示上次连接的服务器实例。

③ 身份验证：在连接到SQL Server数据库引擎实例时，可以使用两种身份验证模式。

● Windows身份验证模式允许用户通过Windows用户账户进行连接。

● SQL Server身份验证模式允许用户通过已经设置的SQL Server登录账户以及指定的密码进行连接。

单击"连接"按钮后，系统根据选项进行连接，连接成功后，在SQL Server Management

Studio窗口中会出现所连接的数据库服务器上的各个数据库实例及各自的数据库对象。这时，就可以使用SQL Server Management Studio进行管理了。

（2）服务器只有在注册后才能被纳入SSMS的管理范围。启动SSMS后，选择"视图"→"已注册的服务器"命令（见图1-36），显示"已注册的服务器"窗口。

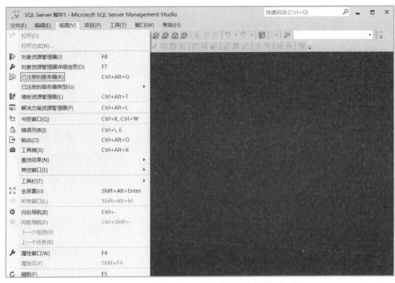

图 1-36　选择"已注册的服务器"命令

1.3.3　SSMS工作界面

Microsoft SQL Server Management Studio启动后主窗口如图1-37所示。

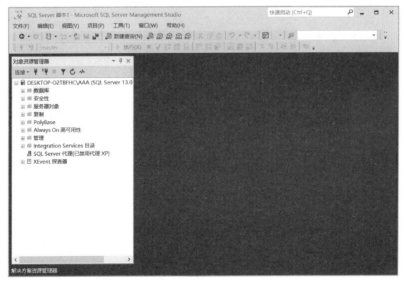

图 1-37　Microsoft SQL Server Management Studio 主窗口

Microsoft SQL Server Management Studio由多个管理和开发工具组成，主要包括"已注册的服务器"窗口、"对象资源管理器"窗口、"查询编辑器"窗口、"模板资源管理器"窗口、"解决方案资源管理器"窗口等。

（1）"已注册的服务器"窗口位于图1-38的左上角，可以完成注册服务器和将服务器组合成逻辑组的功能。通过该窗口可以选择数据库引擎服务器、分析服务器、报表服务器、集成服务器等。当选中某个服务器时，可以从右键快捷菜单中选择执行查看服务器属性、启动和停止服务器、新建服务器组、导入导出服务器信息等操作。

（2）"对象资源管理器"窗口位于图1-38的左上角，可以完成注册服务器，启动和停止服务器，配置服务器属性，创建数据库以及创建表、视图、存储过程等数据库对象，生成SQL对象创建脚本，监视服务器活动、查看系统日志等一系列操作。

"对象资源管理器"窗格以树状结构组织和管理数据库实例中的所有对象。可依次展开根目录，用户选择不同的数据库对象，该对象所包含的内容会出现在右侧的"详细信息"窗格中，"详细信息"窗格中的工具栏会做相应的调整，保持其提供的操作功能与被操作对象所允许的操作一致。用户可以通过选择对象，单击"详细信息"窗格中的按钮执行操作，也可以通过右击要操作的数据库对象，在弹出的快捷菜单中选择相应的命令来完成。

（3）"查询编辑器"是以前版本中的Query Analyzer工具的替代物，它位于图1-38的中部。用于编写和运行SQL脚本。与Query Analyzer工具总是工作在连接模式下，不同的是，"查询编辑器"既可以工作在连接模式下，也可以工作在断开模式下。另外，与Visual Studio工具一样，"查询编辑器"支持彩色代码关键字、可视化地显示语法错误、允许开发人员运行和诊断代码等功能。因此，"查询编辑器"的集成度和灵活度大大提高了。

（4）"模板资源管理器"窗口位于图1-38的左上角，该工具提供了执行常用操作的模板。用户可以在此模板的基础上编写符合自己要求的脚本。

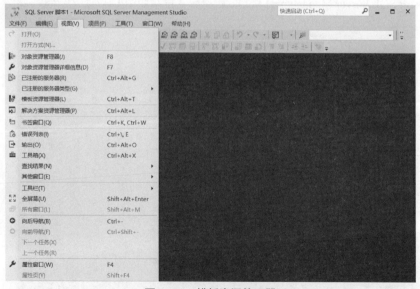

图1-38　模板资源管理器

（5）例如，在"模板资源管理器"窗口中打开Database节点，如图1-39所示，可以生成如Attach Database、Bring Database Online、Create Database on Multiple File Groups等操作的模板。

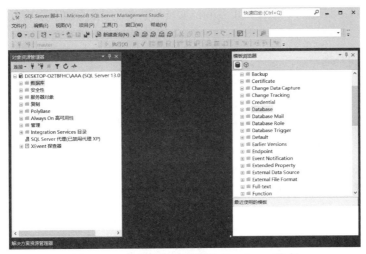

图 1-39　模板资源管理器的 Database 节点

1.3.4　查询编辑器的使用

SQL 查询编辑器是以前版本中的 Query Analyzer 工具的替代品，是一种功能强大的可以交互执行 SQL 语句和脚本 GUI 的管理与图形编程工具，它最基本的功能是编辑 SQL 命令，然后发送到服务器并显示从服务器返回的结果。

1. 新建查询

（1）单击 Microsoft SQL Server Management Studio 窗口"标准"工具栏中的"新建查询"按钮，在窗口中部将出现"查询编辑"窗格。

在其空白编辑区中输入 SQL 命令，单击"面板"工具栏中的"执行"按钮，SQL 命令的运行结果就显示在"查询编辑器"窗格下面的"结果"窗格中，如图 1-40 所示。

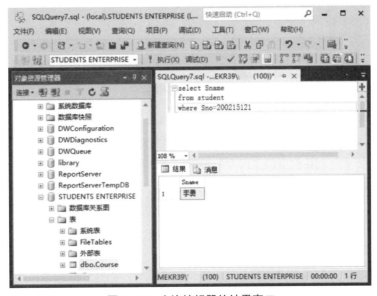

图 1-40　查询编辑器的结果窗口

（2）用户也可以打开一个含有SQL语句的文件来执行，执行结果同样显示在"结果"窗格中。

2. 显示结果方式设置

（1）在"查询编辑器"中，可以控制查询结果的显示方式。SQL语句的执行结果能以文本方式、表格方式显示，还可以保存到文件中。

（2）要切换结果显示方式，可以单击"面板"工具栏中的相应按钮，或在编辑区的快捷菜单中选择所需要的结果显示方式。

（3）如果想获得一个空白的"查询"窗格，以便执行其他SQL程序，可以单击"标准"工具栏中的"新建查询"按钮（或单击"数据库引擎查询"图标，或选择"文件"→"新建"命令），即可新建一个"查询编辑"窗口，如图1-41所示。

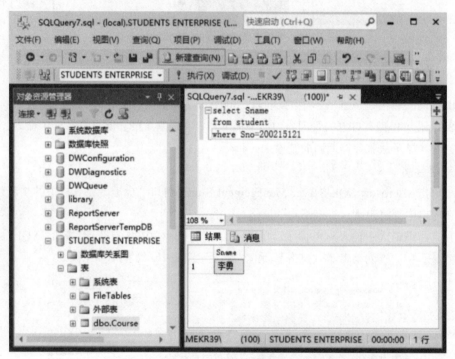

图1-41　新建查询窗口

3. 查询的保存

（1）输入的SQL语句可以保存成文件，以便重复使用。保存时，将光标定位在编辑窗口中，然后单击"标准"工具栏中的"保存"按钮（或选择"文件"→"保存"命令）即可。

（2）查询结果也可以保存成文件，以便日后查看。保存时，将光标定位在"结果"窗格中，后续操作与SQL语句的保存方法相同，不同之处是文件的扩展名不同，采用默认的扩展名即可，以上两种文件都可在Word等文字处理软件中打开并处理。

4. 模板资源管理器的使用

模板资源管理器为数据库管理和开发人员提供了执行常用操作的模板。用户可以在此模板的基础上编写符合自己要求的脚本，使得各种数据库操作变得更加简洁和方便。

▌1.4　实　验　任　务

1. 安装 Microsoft SQL Server 2016 系统。

2. 打开 SQL Server 服务管理器, 观察本机的 SQL Server 服务是否启动, 如未启动, 将其启动。

3. 观察除 SQL Server 服务外, 本机还安装了哪些服务? 这些服务的作用是什么? 是否已经启动?

4. 熟悉 SQL Server Management Studio 环境。

5. 利用 SSMS 的 "帮助" 列表中的 "教程" 学习 SQL Server。

▌1.5　思　考　题

1. SQL Server 2016 主要提供了哪些服务? 启动或停止 SQL Server 服务的方法有哪些?

2. 在 SQL Server Management Studio 中可以进行哪些常用操作?

3. 搜集 Microsoft 公司在发布 Microsoft SQL Server 2000、2005、2008、2012、2014 版本时的技术白皮书, 研究和讨论 Microsoft SQL Server 系统功能的演变规律。

第 2 章

数据库管理

▌2.1 实 验 目 的

1. 熟悉 SQL Server 数据库文件。

2. 了解 SQL Server 系统数据库。

3. 掌握数据库的创建、修改和删除等基本操作。

▌2.2 知 识 要 点

数据库是存放数据的"仓库"，是指长期存储在计算机内、有组织、可共享的数据集合。本章主要介绍在 SQL Server 2016 中如何通过对象资源管理器和 SQL 语句来创建用户数据库，以及对创建的用户数据库进行维护管理操作，包括对数据库的查看、重命名、删除，数据库空间的维护、分离和附加数据库的方法。

2.2.1 数据库文件

数据库是 SQL Server 存放数据和各种数据库对象（如表、视图、存储过程等）的容器。数据库不仅可以存储数据，而且将其以文件的形式存储在磁盘上。正确规划数据库文件的存储可以提高数据库的效率和可用性。

1. 数据库文件

数据库文件主要包括：主要数据文件、次要数据文件和日志文件。

（1）主要数据文件（Primary File）：用来存储数据库的数据和数据库的启动信息。每个数据库都必须有而且只能有一个主要数据文件，其扩展名为 .mdf。

（2）次要数据文件（Secondary File）：用来存储主要数据文件没有存储的其他数据，一个数据库可能会有多个次要数据文件，也可能一个都没有，其保存时的扩展名为 .ndf。当数据库很大时，使用次要数据文件可以扩展存储空间。

（3）事务日志文件（Transaction Log）：事务日志文件用来记录对数据库的操作信息，它把对数据库的所有操作事件均记载下来。当数据库发生故障时可以查看日志文件，分析出错原因，当数据库被破坏时也可以利用事务日志文件恢复数据库的数据。每个数据库至少要有一个日志文件，日志文件的扩展名为 .ldf。

默认情况下，数据和事务日志被放在同一个驱动器的同一个路径下。这是为处理单磁盘系统而采用的方法。但是，在实际项目环境中，建议将数据和日志文件放在不同的磁盘上。

2. 数据库文件组

数据库文件组用来管理和组织数据库中的数据文件，分为主文件组和用户定义文件组。

（1）主文件组：包含主数据文件以及没有明确指派给其他文件组的文件。系统表的所有页均分配在主文件组中。

（2）用户定义文件组：用户可以创建自己的文件组，用以将相关数据文件组织起来，便于管理和数据分配。

2.2.2　系统数据库

从数据库的应用和管理角度上看，SQL Server 将数据库分为两大类：系统数据库和用户数据库。系统数据库是 SQL Server 数据库管理系统自动创建和维护的，这些数据库保存维护系统正常运行的信息；用户数据库保存的是与用户的业务有关的数据，通常所说的创建数据库一般都指用户数据库，对数据库的维护管理也是指对用户数据库的维护。一般用户对系统数据库只有查询权，系统数据库中保存的系统表用于系统的总体控制。在安装好 SQL Server 2016 后，系统会自动安装四个用于维护系统正常运行的系统数据库，分别是 master、msdb、model 和 tempdb。这些系统数据库的文件存储在 SQL Server 默认安装目录（MSSQL）的子目录 Data 文件夹中。

1. master 数据库

master 数据库是 SQL Server 系统最重要的数据库，它记录了 SQL Server 系统的所有系统信息。若 master 数据库被损坏，SQL Server 服务器将无法正常工作。这些系统信息包括所有的系统配置信息、登录信息、SQL Server 初始化信息以及其他系统数据库和用户数据库的相关信息。因此，当创建一个数据库、更改系统的设置、添加个人登录账户等更改系统数据库 master 的操作之后，应当及时备份 master 数据库，备份 master 数据库是备份策略的一部分。

2. tempdb 数据库

tempdb 数据库是一个临时数据库，它为所有临时表和其他临时存储需求提供存储空间，是一个由 SQL Server 中所有数据库共享使用的工作空间。不管用户使用哪个数据库，建立的所有临时表和存储过程都存储在 tempdb 中。当用户与 SQLServer 断开连接或系统关机时，临时数据库中创建的临时表和存储过程被自动删除。在 tempdb 数据库中所做的操作不会被记录，因而在 tempdb 数据库中的表上进行数据操作要比在其他数据库中快得多。

3. model 数据库

model 数据库是创建所有用户数据库和 tempdb 数据库的模板文件。model 数据库中包含每个数据库所需的系统表格，是 SQL Server 2016 中的模板数据库。当创建一个用户数据库时，模板数据库中的内容会自动复制到所创建的用户数据库中。也可以利用 model 数据库的模板特性，通过更改 model 数据库的设置，将经常使用的数据库对象复制到 model 数据库中，可以简化数据库及其对象的创建、设置工作，为用户节省大量时间。

4. msdb数据库

msdb数据库存放服务器的任务列表，可以把定期调试执行的任务加到这个数据库中，它为报警、任务调试和记录操作员的操作提供存储空间。

5. resource数据库

除了上述4个系统数据库外，SQL Server还有一个只读的系统数据库resource，它包含了SQL Server中的所有系统对象。SQL Server系统对象在物理上保存在resource数据库中，但在逻辑上显示在每个数据库的sys架构中。resource数据库不包含用户数据或用户元数据。

2.2.3 数据库操作

对数据库进行操作和管理有两种方式：一种是利用可视化的SSMS管理器来操作和管理数据库；另外一种是直接编写SQL语句来批量完成操作。采用SSMS对数据库的操作在2.3节介绍，此处仅对SQL语句格式加以说明。

SQL（Structured Query Language，结构化查询语言）是一个通用的、功能极强的关系数据库的标准语言，用于存取数据以及查询、更新和管理关系数据库系统。SQL语句在书写时不区分大小写，为了清晰，一般都用大写表示系统保留字，用小写表示用户自定义的名称。一条语句可以写在多行上，但不能将多条语句写在一行上。

1. 创建数据库的SQL语句格式

SQL语句使用CREATE DATABASE语句创建数据库，其常用格式如下：

```
CREATE DATABASE 数据库名
[ON  [PRIMARY]]{(
  [,NAME=数据文件的逻辑名称]
  FILENAME=数据文件的路径和文件名
  [,SIZE=数据文件的初始容量]
  [,MAXSIZE=数据文件的最大容量]
  [,FILEGROWTH=数据文件的增长量]
)
}
[,…n]
LOG ON{(
  NAME=事务日志文件的逻辑名称
  FILENAME=事务日志文件的物理名称
  [,SIZE=事务日志文件的初始容量]
  [,MAXSIZE=事务日志文件的最大容量]
  [,FILEGROWTH=事务日志文件的增长量]
)
}
[,…n]
```

在SQL语法格式中，每种特定符号所表示的含义如表2-1所示。

表 2-1 SQL 语法规则

规　则	描　述
方括号 []	表示该项可省略，省略时各参数取默认值
大括号 {}	为必选语法项
[,…n]	指示前面的项可以重复 n 次，各项之间用逗号分隔
| （竖线）	分隔括号或大括号中的语法项，只能使用其中一项

以上语句中的参数说明如表 2-2 所示。

表 2-2 CREATE DATABASE 语句语法参数说明

参　数	说　明
ON	指定存储数据库的数据文件的磁盘文件
PRIMARY	定义数据库的主数据文件。若没有指定 PRIMARY 关键字，则该语句中所列的第一个文件成为主文件
LOGON	指定建立数据库的事务日志文件
NAME	指定数据或事务日志文件的逻辑名称
FILENAME	指定数据和日志的操作系统文件名（包括所在路径）
SIZE	指定数据库的初始文件容量，单位为 KB、MB、GB、TB，默认值为 MB
MAXSIZE	指定数据文件和日志文件能够增长到的最大尺寸，如果没有指定长度，文件将一直增长到磁盘满为止
FILEGROWTH	指定文件的自动增长量或比例，单位为 KB、MB、GB、TB 或百分比（%），默认值为 MB。如果指定的数据值为 0，表示文件不增长
COLLATE	指定数据库的默认排序规则

在上面创建数据库的 SQL 语句中，如果与数据库相关的属性均采用默认值，则使用 CRE-ATE DATABASE 创建数据库最简单的方式如下所示：

```
CREATE DATABASE 数据库名
```

2. 使用系统存储过程查看数据库的信息

存储过程和表、视图等一样，是数据库中的重要对象，是一组为了完成特定功能的 SQL 语句集。存储过程存储在数据库中，一次编译后永久有效，用户通过指定存储过程的名字并给出参数（如果该存储过程带有参数）来执行它。存储过程主要分为系统存储过程和用户定义存储过程。系统存储过程是由 SQL Server 提供的存储过程，可以作为命令执行，定义在系统数据库 master 中，其前缀是 "SP_"。

可以使用系统存储过程 SP_HELPFILE 查看数据库中有哪些文件以及文件的属性。其格式为：

```
USE 数据库名
GO
EXEC  SP_HELPFILE
```

3. 使用 SQL 语句打开数据库

使用 SQL 语句时，需要注意的是，当连接到 SQL Server 服务器时，如果没有指定连接到哪一个数据库，SQL Server服务器会自动连接默认的数据库。如果没有更改过用户配置，用户的默认数据库是master数据库。因为master数据库中保存有SQL Server服务器的系统信息，用户对master数据库操作不当会产生严重的后果。为了避免这类问题的发生，在查询编辑器中可以使用USE语句切换数据库，其命令为：

```
USE   数据库名
```

或者也可以直接通过数据库下拉列表进行切换，如图2-1所示。

图 2-1　通过下拉列表切换数据库

4. 使用SQL语句修改数据库

在数据库创建完成后，可能会发现有些属性不符合实际要求，这就需要对数据库的某些属性进行修改。常见的修改数据库的操作有扩大数据库空间、缩小数据库空间、增加或删除数据库文件、创建用户文件组以及为数据库重命名等操作。以修改容量为例，其SQL语句语法规则如下：

```
ALTER DATABASE 数据库名
MODIFY FILE
(NAME=要修改的数据库文件的逻辑文件名
[,SIZE=指定数据库文件的初始容量大小]
[,MAXSIZE={指定数据库文件的最大文件限制}]
[,FILEGROWTH=设置数据库文件的自动增长量])
```

5. 使用SQL语句删除数据库

SQL中删除数据库可使用DROP语句。DROP语句可以从SQL Server中一次删除一个或多个数据库，其命令格式如下：

```
DROP DATABASE 数据库名[,数据库名…]
```

2.3 实 验 内 容

某旅游公司要设计开发自己的旅游信息管理系统，现需完成数据库的设计。数据库中需保存如下信息：

（1）该公司开通的旅游线路信息，包括线路编号、线路名称、旅行时长、报价和线路介绍。

（2）公司编制的开团计划，包括计划安排编号、线路编号、旅行开始日期、折扣、上线人数。

（3）该公司注册会员信息，包括会员编号、会员姓名、性别、出生日期、电话号码和联系地址。

（4）旅行报名信息，包括会员编号、报名线路编号、报名人数。

将在本章及随后章节中显示该数据库的设计开发过程。

2.3.1　创建数据库

1. 使用SSMS创建数据库

以创建名为"Tours"的数据库为例，要求数据文件的初始大小为 8 MB，最大大小为 50 MB，增长方式按 10% 增长；日志文件的初始大小为 8 MB，按 1 MB 增长；文件存储到 "D:\" 目录下。

（1）启动 SQL Server 2016，在"开始"菜单中选择"SQL Server 2016"→"SQL Server Management Studio"命令。登录数据库服务器，单击"连接到服务器"对话框中的"连接"按钮连接到 SQL Server 2016 数据库服务器。

（2）在"对象资源管理器"中右击"数据库"对象，在弹出的快捷菜单中选择"新建数据库"命令，如图 2-2 所示。

图 2-2　新建数据库

（3）在"新建数据库"对话框右侧的"数据库名称"文本框中输入数据库名称"Tours"。一般来说，系统自构数据库以文件的形式存放在默认的文件夹内，实验者要记住这个路径，以便实验结束时自己备份或分离，如图2-3所示。

图2-3　数据库名称

（4）数据文件的默认初始大小为8 MB，不用更改。单击自动增长后的 ... 按钮，在弹出的对话框中将文件增长改为按百分比，一次增加10%（默认值），最大文件大小改为限制文件增长，数据改为50 MB，如图2-4所示。

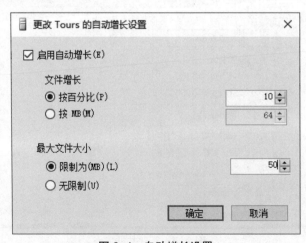

图2-4　自动增长设置

（5）单击"数据库文件"表中"Tours"行路径中的 按钮，将路径设置为"D:\"，如图 2-5 所示。

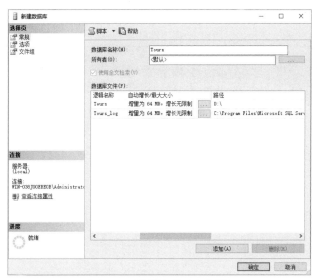

图 2-5　数据文件路径设置

（6）将光标移到日志文件"Tours_log"，与数据文件一样设置其初始大小和增长方式，路径设置为"D:\"，如图 2-6 所示，单击"确定"按钮。

图 2-6　日志文件设置

（7）在对象资源管理器的"数据库"目录下，新建了数据库"Tours"。如果进入文件系统的文件夹"D:\"中，可以看到其中新生成了两个文件：Tours.mdf 与 Tours_log.ldf，前者为数据库"Tours"的数据文件，后者为该数据库的日志文件。

2. 使用 SQL 语句创建数据库

以创建名为"Daikuan"的贷款数据库为例，数据库文件的相关设置如表 2-3 所示。

表 2-3 "Daikuan"数据库的文件组成及相关属性文件组

逻辑名称	文件类型	文件组	操作系统文件名	初始容量	最大容量	增长量
Daikuan	数据文件	primary	E:\daikuanDB\daikuan.mdf	10 MB	100 MB	2 MB
Daikuan_log	日志文件	-	E:\daikuanDB\daikuan_log.ldf	2 MB	50 MB	20%

（1）在本地E盘新建daikuanDB文件夹。

（2）打开SQL Server Management Studio窗口，并连接到服务器。

（3）选择"文件"→"新建"→"数据库引擎查询"命令或者单击标准工具栏中的"新建查询"按钮，启动查询编辑器的"查询"窗格，在该窗口中输入如下代码：

```
CREATE DATABASE Daikuan
ON PRIMARY(
    NAME=Daikuan,
    FILENAME='E:\daikuanDB\Daikuan.mdf',
    SIZE=10MB,
    MAXSIZE=100MB,
    FILEGROWTH=2MB
)
LOGON(
    NAME=Daikuan_log,
    FILENAME='E:\daikuanDB\Daikuan_log.ldf',
    SIZE=2MB,
    MAXSIZE=50MB,
    FILEGROWTH=20%
)
```

（4）选择"查询"→"分析"命令，对输入的代码进行分析检查，如图2-7所示。

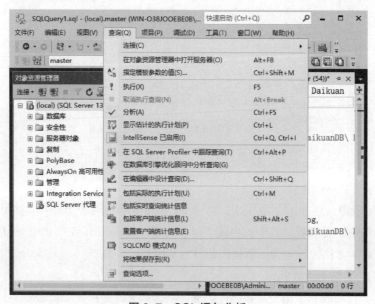

图 2-7 SQL 语句分析

（5）检查通过后，单击工具栏中的"执行"按钮。如果执行成功，在查询窗口内的"消息"窗格中，就可以看到"命令已成功完成"的提示信息（如果执行不成功，则返回错误提示信息），如图2-8所示。

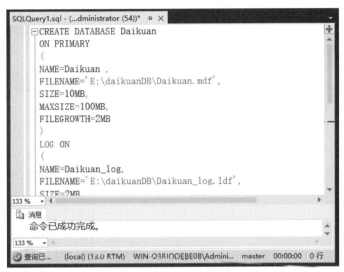

图 2-8　SQL 语句的执行

（6）在对象资源管理器窗格中右击"数据库"，在弹出的快捷菜单中选择"刷新"命令，然后展开"数据库"节点，这时就会看到所创建的数据库"Daikuan"，如图2-9所示。

图 2-9　查看数据库

2.3.2　修改数据库

1. 使用SSMS修改数据库

修改已经创建的"Tours"，具体要求见表2-4。

表 2-4　数据库"Tours"在修改前后的容量变化

逻辑名称	文件类型	文件组	操作系统文件名	初始容量		最大容量		增长量	
"Tours"	数据文件	primary	D:\Tours.mdf	修改前	8 MB	修改前	50 MB	修改前	10%
				修改后	16 MB	修改后	100 MB	修改后	15%
Tours_log.ldf	日志文件		D:\Tours_log.ldf	修改前	8 MB	修改前	-	修改前	1 MB
				修改后	16 MB	修改后	100 MB	修改后	2 MB

具体操作方法为：

（1）查看修改前数据库的容量。在"对象资源管理器"中，选择"数据库"，右击数据库"Tours"，在弹出的快捷菜单中选择"属性"命令，弹出"数据库属性-Tours"对话框，单击侧边窗格中的"常规"页，可以看到数据库的大小为 16 MB，可用空间大小是 5.84 MB，如图 2-10 所示。

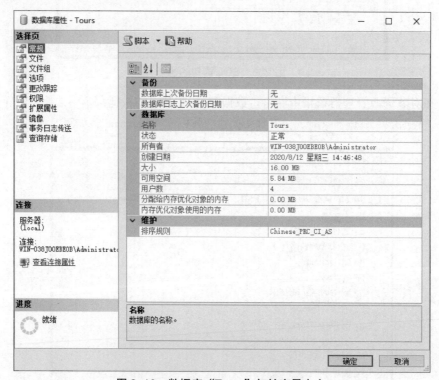

图 2-10　数据库"Tours"初始容量大小

（2）选择"数据库属性-Tours"对话框左侧窗格中的"文件"页，选择数据文件 Tours.mdf，将初始大小设置为 16 MB，单击"自动增长"列后边的省略号按钮，将打开图 2-11 所示的对话框。在此处设置数据库文件的自动增长量及最大文件限制：增长量为 15%，最大文件限制为 100 MB。单击"确定"按钮即可完成该数据文件大小的设定。

（3）采用同样的方法按要求设置事务日志文件 Tours_log.ldf 的相关值。

（4）设置完成后，单击"确定"按钮，修改完成后如图 2-12 所示。

图 2-11　更改数据库自动增长设置

图 2-12　数据库属性修改完成

2. 使用SQL语句修改数据库

以已创建的"Daikuan"数据库为例，为Daikuan数据库增加容量。现将Daikuan数据文件Daikuan.mdf的初始配置空间增加至20 MB，自动增长率为30%，并设定最大文件限制是150 MB，同时要求显示更改的结果。

SQL操作代码如下：

```
USE Daikuan
GO
ALTER DATABASE Daikuan
```

```
MODIFY FILE(
    NAME=Daikuan,
    SIZE= 20MB,
    MAXSIZE=150MB,
    FILEGROWTH=30%
)
GO
EXEC SP_HELPFILE
```

在查询编辑器中输入上述代码，单击"执行"按钮，就会出现图2-13所示的结果，可以使用系统存储过程"SP_HELPFILE"查看修改结果。

图2-13 修改数据库容量

2.3.3 删除数据库

1. 使用SSMS删除数据库

（1）在"对象资源管理器"中，选择"数据库"节点，右击要删除的数据库，在弹出的快捷菜单中选择"删除"命令，打开图2-14所示的对话框。

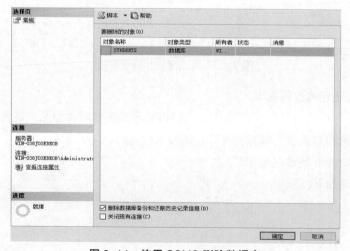

图2-14 使用 SSMS 删除数据库

（2）如果不需要为数据库做备份，则单击"确定"按钮，立即删除。

2. 使用SQL语句删除数据库

以删除Daikuan数据库为例：

（1）在查询编辑器中输入以下语句：

```
DROP DATABASE Daikuan
GO
```

（2）单击"执行"按钮，结果如图2-15所示，在"对象资源管理器"中刷新"数据库"节点，数据库Daikuan已经不存在了。

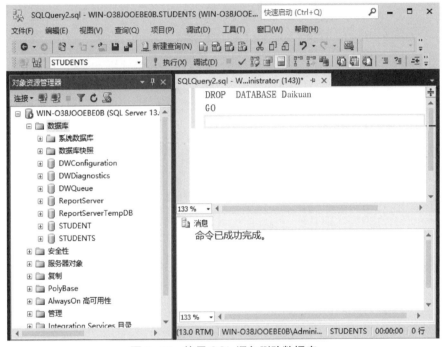

图 2-15 使用 SQL 语句删除数据库

2.3.4 分离数据库

在SQL Server中用户数据库可以从服务器的管理中分离出来，脱离服务器的管理，同时保持数据文件和日志文件的完整性和一致性，这样分离出来的数据库的日志文件和数据文件可以附加到其他SQL Server服务器上构成完整的数据库，附加的数据库和分离时完全一致。在实际工作中，分离数据库作为对数据基本稳定的一种备份的办法来使用。

分离用户数据库是指将数据库从SQL Server服务器实例中删除，但是数据库的数据文件和事务日志文件在磁盘中依然存在。具体步骤如下：

（1）打开SQL Server Management Studio，并连接到数据库实例。

（2）在"对象资源管理器"窗口中展开数据库实例下的"数据库"项。

（3）选中需要分离的数据库并右击，在弹出的快捷菜单中选择"任务"→"分离"命令，如图2-16所示。

图 2-16 选择"分离"命令

（4）打开"分离数据库"对话框，在"要分离的数据库"列表框的"数据库名称"栏中显示了所选数据库的名称，如图2-17所示。在"分离数据库"对话框中，其他几项内容说明如下：

• 更新统计信息：默认情况下，分离操作将在分离数据库时保留过期的优化统计信息；如果需要更新现有的优化统计信息，选中该复选框。

• 保留全文目录：默认情况下，分离操作保留所有与数据库关联的全文目录。如果需要删除全文目录，则不勾选该复选框。

• 状态：显示当前数据库的状态（"就绪"或"未就绪"）。

• 消息：数据库有活动连接时，消息列将显示活动连接的个数。

• 删除连接：如果消息列中显示有活动连接，必须选中该复选框来断开与所有活动连接的连接。

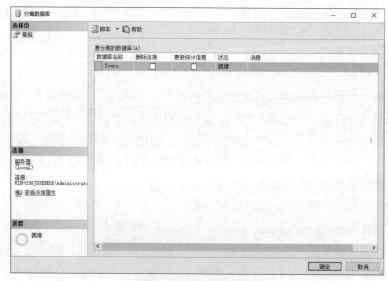

图 2-17 分离数据库

（5）设置完毕后，单击"确定"按钮。DBMS将执行分离数据库操作。如果分离成功，在"对象资源管理器"中刷新后将不会出现被分离的数据库。

2.3.5　附加数据库

与分离对应的是附加操作，在 SQL Server 中，用户可以在数据库实例上附加被分离的数据库。通常情况下，附加数据库时会将数据库重置为分离或复制时的状态。附加数据库的具体步骤如下：

（1）打开 SQL Server Management Studio，并连接到数据库实例。

（2）在"对象资源管理器"窗口中，右击数据库实例下的"数据库"项，在弹出的快捷菜单中选择"附加"命令，如图2-18所示。

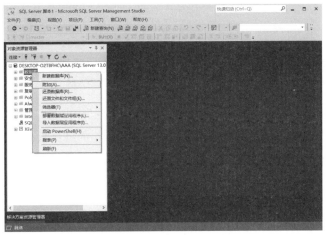

图 2-18　选择"附加"命令

（3）在弹出的快捷菜单中选择"附加"命令，弹出"附加数据库"对话框，如图2-19所示。

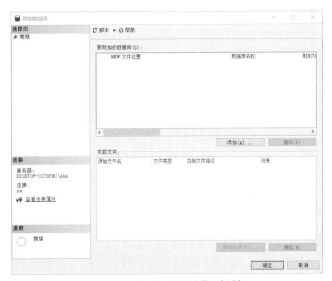

图 2-19　"附加数据库"对话框

（4）在"附加数据库"对话框中单击"添加"按钮，弹出"定位数据库文件"对话框，如图2-20所示

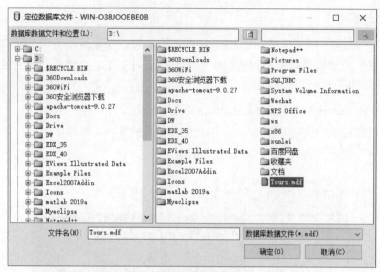

图2-20 "定位数据库文件"对话框

（5）在"定位数据库文件"对话框中，选择数据库所在的磁盘驱动器，并展开目录，定位到数据库的.mdf文件。如果需要为附加的数据库指定不同的名称，可以在"附加数据库"对话框的"附加为"文本框中输入名称，如图2-21所示。

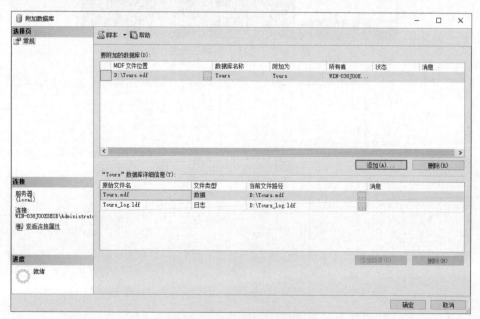

图2-21 选择数据库文件

（6）如果需要更改所有者，可以在"所有者"栏中选择其他项，以更改数据库的所有者。设置完毕后，单击"确定"按钮。DBMS将执行附加数据库操作。如果附加成功，在"对象资源管理器"中将会出现被附加的数据库。

▌2.4 实 验 任 务

1. 创建名为"ENTERPRISE"的企业数据库，具体要求如下：

（1）数据库主文件逻辑名为 enterprise_data，初始大小为 10 MB，自动增长，每次增长 1 MB，最大存储空间为 100 MB；物理文件名为 enterprise1.mdf，存放在 E:\enterpriseDB 文件夹中；日志文件逻辑名为 enterprise_log，物理文件名为 enterprise.ldf，初始大小为 2 MB，自动增长，每次增长 10%，最大存储空间为 20 MB。存放在 E:\enterpriseDB 文件夹中。

（2）增加一个新的数据文件，文件的逻辑名为 enterprise_data2，存放在新文件组 enterprisegrp 中，物理文件名为 enterprise2.ndf，存放于 E:\enterpriseDB 中，文件的初始大小为 5 MB，自动增长率为 1 MB，不限制文件增长。

（3）使用 SSMS 或者 SQL 语句，将添加的数据文件 enterprise_data2 的初始大小改为 10 MB，将数据文件 enterprise_data 的初始大小改为 6 MB。

2. 使用 SQL 语句创建 LIBRARY 数据库，要求主文件名为 library_data，初始大小为 10 MB，最大容量为 50 MB，增长速度为 15%，日志文件逻辑名为 library_log，物理文件名为 library.mdf，初始大小为 4 MB，最大容量为 10 MB，增长速度为 1 MB。

▌2.5 思 考 题

1. 数据库文件和日志文件的作用是什么？

2. 使用文件组有什么好处，每个数据库至少包括几个文件组？

3. 数据库包括哪些数据库对象？各对象的主要作用是什么？

第3章

数据表管理

▌3.1 实 验 目 的

1. 理解表的基本结构。
2. 掌握数据表的创建、修改和删除方法。
3. 掌握表的约束及其使用。
4. 掌握表数据的插入、修改和删除方法。

▌3.2 知 识 要 点

数据库中包含一个或多个表，表是数据库的基本构造块。同时，表是数据的集合，是用来存储数据和操作数据的逻辑结构。表由行和列构成。行称为记录，是组织数据的单位；列称为字段，每一列表示记录的一个属性。

在 SQL Server 中，数据表分为永久数据表和临时数据表两种。永久数据表在创建后一直存储在数据库文件中，直至用户删除为止；而临时数据表用户退出或系统修复时被自动删除。临时表又分为局部临时表和全局临时表。局部临时表的表名开头包含一个#号，而全局临时表的表名开头包含两个#号。局部临时表只能由创建它的用户使用，在该用户连接断开时，它被自动删除。全局临时表对系统当前的所有连接用户来说都是可用的的，在使用它的一个会话结束时它被自动删除。

3.2.1 数据表操作

1. 创建数据表

SQL 语句使用 CREATE TABLE 语句创建数据表，其基本格式如下：

```
CREATE TABLE <表名> (<列名><数据类型> [列级完整性约束条件]
 [,<列名><数据类型> [列级完整性约束条件]]
 …
 [,<表级完整性约束条件>]);
```

建表时定义的完整性约束条件被存入系统的数据字典中，当用户操作表中数据时由关系数据库管理系统自动检查该操作是否违背这些完整性约束条件。如果完整性约束条件涉及该表的多个属性列，则必须定义在表级上，否则既可以定义在列级也可以定义在表级。

2. 修改数据表

SQL 语句使用 ALTER TABLE 语句修改基本表，其一般格式为：

```
ALTER TABLE <表名>
[ADD [COLUMN] <新列名><数据类型> [完整性约束]]
[ADD <表级完整性约束>]
[DORP [COLUMN]<列名>[CASCADE|RESTRICT]]
[DORP CONSTRAINT<完整性约束名> [RESTRICT|CASCADE]]
[ALTER COLUMN <列名><数据类型>];
```

其中：（1）<表名>是要修改的基本表。

（2）ADD 子句用于增加新列、新的列级完整性约束条件和表级完整性约束条件。

（3）DROP COLUMN 子句用于删除表中的列，如果指定了 CASCADE 短语，则自动删除引用了该列的其他对象，如视图；如果指定了 RESTRICT 短语，则如果该列被其他对象引用，RDBMS 将拒绝删除该列。

（4）DROP CONSTRAINT 子句用于删除指定的完整性约束条件。

（5）ALTER COLUMN 子句用于修改原有的列定义，包括修改列名和数据类型。

3. 删除数据表

有些表如果不再需要了，可以将其删除。一旦表被删除，表的结构、表中的数据、约束、索引等都将被永久删除。

删除数据表的 SQL 语句比较简单，其一般格式为：

```
DROP TABLE<表名>[RESTRICT|CASCADE];
```

（1）RESTRICT：有限制地删除表。

- 欲删除的基本表不能被其他表的约束所引用。

- 如果存在依赖该表的对象，则此表不能被删除。

（2）CASCADE：没有限制地删除表。

在删除基本表的同时，相关的依赖对象一起删除。

3.2.2　数据更新操作

数据更新操作有三种：向表中添加若干数据行数据、修改表中的数据和删除表中的若干行数据。在 SQL 中有相应的三类语句。

1. 添加数据

插入数据是把新的记录行或记录行集插到已经建立的表中。通常有插入一条记录行和插入记录行集两种形式。

插入一行记录，格式如下：

```
INSERT
INTO<表名>[(<属性列1>[,<属性列2>……])]
VALUES(<常量1>[,<常量2>]……)
```

插入记录集，指一次将子查询的结果全部插入指定表中。子查询可以嵌套在SELECT语句中构造查询的条件，也可以嵌套在INSERT语句中以生成要查询的数据。格式如下：

```
INSERT
INTO<表名>[(<属性列1>[,<属性列2>……)]
子查询
```

2. 修改数据

修改数据是对表中一行或者多行中的某些列值进行修改，格式如下：

```
UPDATE<表名>
SET<列名>=<表达式>[,<列名>=<表达式>]……
[WHERE<条件>];
```

其功能是修改指定表中满足WHERE子句条件的元组。其中SET子句给出<表达式>的值，用于取代相应的属性列值。如果省略WHERE子句，则表示要修改表中的所有元组。

3. 删除数据

删除数据的格式如下：

```
DELETE
FROM<表名>
[WHERE<条件>];
```

DELETE语句的功能是从指定表中删除满足WHERE子句条件的所有元组。如果省略WHERE子句则表示删除表中全部元组，但表的定义仍在字典中。也就是说，DELETE语句删除的是表中的数据，而不是关于表的定义。

▌3.3 实 验 内 容

3.3.1 创建数据表

1. 使用SSMS创建数据表

（1）在已创建的"Tours"数据库中创建"Route"数据表，结构如表3-1所示。单击SQL Server 2016数据库管理系统左侧"对象资源管理器"栏中的"刷新"按钮 ，显示出已创建的数据库"Tours"。

表 3–1 Route 表结构

字段名称	数据类型	含义说明	约束
Rno	CHAR(5)	旅行线路代码	主键
Rname	CHAR(20)	旅行线路名称	非空
Rday	SMALLINT	旅行时间（按天计）	
Rprice	MONEY	每位报价	
Rdetails	VARCHAR(200)	线路简介	

（2）依次展开左侧栏对象资源管理器中的"数据库""Tours"，并右击"Tours"数据库中的表项目，在弹出的快捷菜单中选择"新建表"命令，如图 3-1 所示。

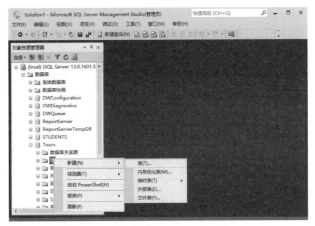

图 3-1 新建表

（3）在右侧的工作区中输入 Route 表的信息，设计完成后如图 3-2 所示。

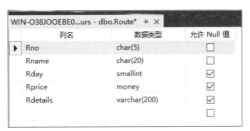

图 3-2 Route 表结构

（4）在表设计器中输入字段名、选择数据类型，勾选是否允许为空值，如果是字符类型，修改数据类型栏中括号中表示数据宽度的数字，如果是整型，宽度为默认值，不用设置。单击最左端一栏并右击，在弹出的快捷菜单中选择相应命令可设置主键，如图 3-3 所示。

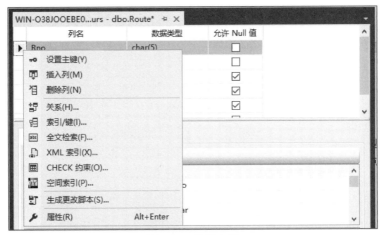

图 3-3 设置主键

（5）右击所需要的表，在弹出的快捷菜单中选择"设计"命令，可以对表进行修改，如图3-4所示。

图3-4　表设计视图

2. 使用SQL语句创建表

创建名为Plans的数据表，表结构如表3-2所示。

表3-2　Plans表

字 段 名 称	数 据 类 型	含 义 说 明	键/索引
Pno	CHAR(6)	旅行安排代码	主键
Rno	CHAR(5)	旅行线路代码	外键
Pstart	DATE	行程开始日期	
Pdiscount	REAL	折扣	
Ptop	SMALLINT	上限人数	

在SQL查询编辑器中输入如下SQL代码。

```
CREATE TABLE Plans(
  Pno CHAR(6) PRIMARY KEY,
  Rno CHAR(5) REFERENCES Route(Rno),
  Pstart DATE,
  Pdiscount REAL,
  Cpno CHAR(4),
  Ptop SMALLINT
);
```

输入以上代码后，单击"分析"按钮，检查通过后，单击"执行"按钮，运行SQL语句，可在"结果"窗口中看到执行信息，如图3-5所示，完成表的创建。

图 3-5　表的创建

使用同样的方法，创建 Member 和 Booking 数据表，表结构如表 3-3 和表 3-4 所示。

表 3-3　Member 表结构

字段名称	数据类型	含义说明	键/索引
Mno	CHAR(6)	会员编号	主键
Mname	CHAR(10)	姓名	非空
Msex	CHAR(2)	性别	
Mbirth	DATE	出生日期	
Mtel	CHAR(11)	电话号码	
Maddress	VARCHAR(30)	会员地址	

表 3-4　Booking 表结构

字段名称	数据类型	含义说明	键/索引
Mno	CHAR(6)	会员编号	复合主键
Pno	CHAR(6)	旅行安排代码	
Bnum	SMALLINT	报名人数	

3.3.2　修改数据表

1. 使用 SSMS 修改数据表

向 Member 表增加身份证号属性列"Midcard"，其数据类型为字符类型，长度为 18。

（1）在"对象资源管理器"窗格中，"Tours"数据库下右击"Member"表，在弹出的快捷菜单中选择"设计"命令，打开"表设计器"。

（2）单击最下方空白区域，进行列的添加，如图 3-6 所示，在字段名称处填写 Midcard，数据类型为 char(18)，退出时单击"保存"按钮即可。

图 3-6　修改数据表

2. 使用 SQL 修改数据表

增加"Route"表"Rname"属性取值唯一的约束条件。

（1）在查询编辑器中输入如下语句：

```
ALTER TABLE Route ADD UNIQUE(Rname);
```

（2）单击"执行"按钮即可。

3.3.3　删除数据表

1. 使用SSMS删除数据表

（1）在"对象资源管理器"窗格中展开"数据库"节点，选择相应的数据库并展开其中的表节点。

（2）在"对象资源管理器"窗格中，右击要删除的表，在弹出的快捷菜单中选择"删除"命令，弹出图3-7所示的"删除对象"对话框，单击"确定"按钮即可删除表。执行完命令后，用户可以在"结果"窗格中看到"命令已成功完成"的信息。需要注意的是，删除一个表的同时表中的数据也会被删除，所以删除表时要慎重。

图3-7　"删除对象"对话框

2. 使用SQL删除数据表

首先，使用SQL语句在查询编辑器中创建导游表Guides，并执行。

```
CREATE TABLE Guides(
  Gno CHAR(6) PRIMARY KEY,
  Gname CHAR(10) NOT NULL,
  Gsex CHAR(2),
  Gtel CHAR(11),
)
```

使用SQL语句删除此表的操作为在查询编辑器中输入如下语句，单击"执行"按钮即可。

```
DROP TABLE Guides
```

3.3.4　数据更新

1. 使用SSMS更新数据

（1）在"对象资源管理器"窗格中依次展开"数据库"→"Tours"→"表"，选择要输入数据的表后右击，在弹出的快捷菜单中选择"编辑前200行"命令，界面如图3-8所示，直接添加数据即可。

图 3-8 添加数据

（2）如果要删除记录，只需选择行头后右击，在弹出的快捷菜单中选择"删除"命令，在弹出的删除提示对话框中单击"是"按钮。

（3）如果要修改某条记录，选择该记录所对应的字段项就可以直接修改。注意：对于有外关键字字段值的输入，需要先输入参照数据表中的数据。

采用以上方法，分别给Route、Plans、Member和Booking四张表输入实验数据，数据如表3-5～表3-8所示。

表 3-5 Route 表中数据

Rno	Rname	Rday	Rprice	Rdetails
DHI01	三亚风情游	7	20000	日月湾、猴岛、天涯海角、大东海海滩、亚龙湾森林公园，费用包含往返机票，全程五星级酒店及正餐费用
DSN01	陕西历史文化游	5	5,000.00	大雁塔、钟楼、鼓楼、回民街、兵马俑、骊山、华清池、明城墙等，双卧5天4晚，四星级酒店含早餐
DSN02	陕北红色之旅	4	4,000.00	西安、洛川、延安、子长、榆林、绥德、枣园旧址、杨家岭旧址、王家坪旧址等
DXJ01	新疆丝路游	15	13000	天山、高昌古城、吐鲁番、喀纳斯湖、博斯腾湖、魔鬼城等，全程自驾包车
DYN01	七彩云南	7	10,000.00	昆明、大理、丽江、版纳双飞、纯玩、全程酒店五星带游泳池。费用包含往返机票，不含景点门票费
IAS01	钟爱新马泰	7	18,000.00	曼谷大皇宫、芭提雅、云顶高原、独立广场等景点。费用含往返机票、标准四星级酒店
IAS02	日韩6日游	6	9,000.00	北海道、富士山、首尔、济州岛、釜山。不含机票价格，费用包含全程四星级酒店及正餐费用
IEU01	欧洲2周游	14	40,000.00	包括凡尔赛宫、塞纳河、比萨斜塔、圣彼得大教堂、斗兽场、铁力士雪山、卢塞恩等。费用包含往返机票，全程欧洲3或4星级标准酒店及早餐，包含景点门票费用及旅游人身意外险
IEU02	俄罗斯8日游	8	12,000.00	包括莫斯科红场、贝加尔湖、圣彼得堡冬宫博物馆、莫斯科克里姆林宫等景点。费用包含往返机票，精选三星级酒店
ISN01	北美风情游	14	38,000.00	黄石公园、渔人码头、拉斯维加斯、好莱坞、大峡谷国家森林公园、尼亚加拉大瀑布、夏威夷群岛等。费用含酒店住宿、正餐费用，不含往返机票

Rno 数据说明：

（1）如果是国际线路，Rno 数据为：I＋大洲＋编号。

（2）如果是国内线路，Rno 数据为：D＋省份缩写＋编号。

表 3-6　Plans 表中数据

Pno	Rno	Pstart	Pdiscount	Ptop
P00001	IEU01	2021-01-10	0.85	40
P00002	IEU02	2021-01-15	1	30
P00003	ISN01	2021-01-10	0.95	18
P00004	ISN01	2021-01-20	0.88	20
P00005	IAS01	2021-01-28	0.95	45
P00006	IEU01	2021-03-10	0.98	30
P00007	DSN01	2021-04-01	1	45
P00008	DSN02	2021-06-10	0.75	60
P00009	DSN02	2021-07-01	1	50
P00010	DXJ01	2021-07-01	0.9	35
P00011	IAS02	2021-07-05	0.75	60
P00012	DXJ01	2021-08-01	1	25
P00013	DYN01	2021-08-01	0.8	20
P00014	DSN01	2021-08-02	1	50
P00015	DYN01	2021-09-01	0.9	40
P00016	DXJ01	2021-09-10	0.85	20
P00017	DYN01	2021-10-03	0.75	15
P00018	DSN01	2021-10-08	0.8	40
P00019	DHI01	2021-11-10	0.9	30
P00020	IEU02	2021-11-11	0.95	40
P00021	DHI01	2021-12-20	0.8	20
P00022	IAS01	2021-12-28	0.9	25
P00023	IAS02	2021-12-28	0.65	50

表 3-7　Member 表中数据

Mno	Mname	Msex	Mbirth	Mtel	Maddress
M001	符柳欣	女	1983/5/21	1838311123*	陕西西安
M002	许梦凡	女	1967/10/22	1858511123*	北京
M003	陈俊龙	男	1974/4/15	1878711123*	河南郑州
M004	陈燕	女	1986/3/10	1898711123*	四川成都
M005	吴乾柱	男	1978/6/8	1911811123*	湖北武汉
M006	周颖	女	1977/10/26	1938311123*	上海
M007	张凡	女	1994/7/8	1958511123*	浙江杭州
M008	刘天州	男	1987/10/9	1505151123*	江苏苏州
M009	林国媚	女	1990/6/16	1515151123*	广东广州
M010	李前进	男	1989/2/24	1525252123*	湖南长沙
M011	刘立	男	1980/5/31	1535353123*	安徽合肥

说明：新添加的"Midcard"属性允许空值，在此没有给出数据值。

表 3-8　Booking 表中数据

Mno	Pno	Bnum
M001	P00001	2
M001	P00019	2
M002	P00003	6
M002	P00021	4
M003	P00005	3
M004	P00004	5
M004	P00016	5
M005	P00004	7
M006	P00011	4
M007	P00013	4
M008	P00003	6
M008	P00007	6
M008	P00016	6
M009	P00003	6
M010	P00007	6
M010	P00020	6
M011	P00021	3

2. 使用SQL更新数据

（1）在Member表中，插入一条新会员的记录，会员编号为“M012”，姓名为“黄大山”，性别为“男”，出生日期为“1978/4/10”，电话号码为“15757111234”，联系地址为“辽宁大连”。

```
INSERT
INTO Member(Mno, Mname, Msex, Mbirth, Mtel, Maddress)
VALUES('M012','黄大山','男','1978/4/10','15757111234','辽宁大连')
```

语句执行后消息框显示：“1行受影响”，在该表上右击，在弹出的快捷菜单中选择“选择前1000行”或者“编辑前200行”命令查看数据，如图3-9所示。

USER-20200911M...rs - dbo.Member

Mno	Mname	Msex	Mbirth	Mtel	Maddress
M001	符柳欣	女	1983-05-21	1838311123*	陕西西安
M002	许梦凡	女	1967-10-22	1858511123*	北京
M003	陈俊龙	男	1974-04-15	1878711123*	河南郑州
M004	陈燕	女	1986-03-10	1898711123*	四川成都
M005	吴乾柱	男	1978-06-08	1911811123*	湖北武汉
M006	周颖	女	1977-10-26	1938311123*	上海
M007	张凡	女	1994-07-08	1958511123*	浙江杭州
M008	刘天州	男	1987-10-09	1505151123*	江苏苏州
M009	林国娟	女	1990-06-16	1515151123*	广东广州
M010	李前进	男	1989-02-24	1525252123*	湖南长沙
M011	刘立	男	1980-05-31	1535353123*	安徽合肥
M012	黄大山	男	1978-04-10	1575711123*	辽宁大连
NULL	NULL	NULL	NULL	NULL	NULL

图 3-9　插入数据后的 Member 表

使用同样的方法，为“Booking”表添加一条报团记录：会员“M012”，报名编号为“P00004”的开团计划，报名人数为4。

（2）插入部分列的数据。该公司计划新开通一条马尔代夫旅游线路，编号为“IAS03”，名称为“马尔代夫7日游”，时间为7天，价格和详细计划还没有定。

```
INSERT
INTO Route(Rno, Rname, Rday)
VALUES('IAS03','马尔代夫7日游',7)
```

系统将在新插入记录的Rprice和Rdetails列上自动地赋给空值，如图3-10所示。

WIN-O38JOOEBE0...urs - dbo.Route

Rno	Rname	Rday	Rprice	Rdetails
DHI01	三亚风情游 ...	7	20000.0000	日月湾、猴岛...
DSN01	陕西历史文化...	5	5000.0000	大雁塔、钟楼...
DSN02	陕西红色之旅 ...	4	4000.0000	西安、洛川、...
DXJ01	新疆丝路游 ...	15	1300.0000	天山、高昌古...
DYN01	七彩云南 ...	8	10000.0000	昆明、大理、...
IAS01	钟爱新马泰 ...	8	18000.0000	曼谷大皇宫、...
IAS02	日韩六日游 ...	6	9000.0000	北海道、富士...
IAS03	马尔代夫7日游...	7	NULL	NULL
IEU01	欧洲2周游 ...	14	40000.0000	包含凡赛尔宫...
IEU02	俄罗斯8日游 ...	8	8000.0000	包含莫斯科红...
ISN01	北美风情游 ...	14	38000.0000	黄石公园、渔...
NULL	NULL	NULL	NULL	NULL

1 /11

图 3-10　插入数据后的 Route 表

（3）将“Plans”表中编号为“P00013”的开团计划折扣由0.8改为1，上限人数由20改为30。执行以下语句，查看结果如图3-11所示。

```
UPDATE Plans
SET Pdiscount=1, Ptop=30
WHERE Pno='P00013'
```

Pno	Rno	Pstart	Pdiscount	Ptop
P00007	DSN01	2021-04-01	1	45
P00008	DSN02	2021-06-10	0.75	60
P00009	DSN02	2021-07-01	1	50
P00010	DXJ01	2021-07-01	0.9	35
P00011	IAS02	2021-07-05	0.75	60
P00012	DXJ01	2021-08-01	1	25
P00013	DYN01	2021-08-01	1	30
P00014	DSN01	2021-08-02	1	50
P00015	DYN01	2021-09-01	0.9	40
P00016	DXJ01	2021-09-10	0.85	20
P00017	DYN01	2021-10-03	0.75	15

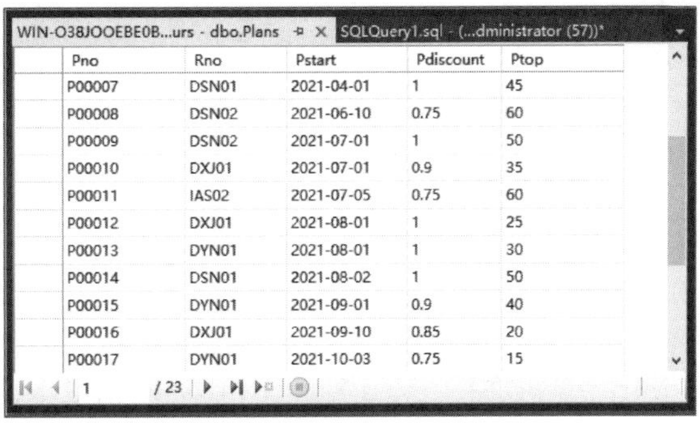

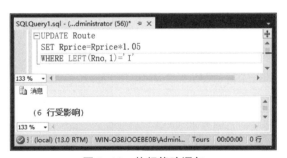

图3-11　修改数据后的Plans表

（4）将Route表中所有国际线路价格上调5%。

```
UPDATE Route
SET Rprice=Rprice*1.05
WHERE LEFT(Rno,1)='I'
```

在查询编辑器中完成以下语句并执行，如图3-12所示，在该表上右击，在弹出的快捷菜单中选择“选择前1000行”或者“编辑前200行”命令查看前后数据值变化。

图3-12　执行修改语句

（5）删除姓名为陈燕的所有报团计划。

```
DELETE
FROM Booking
WHERE Mno IN(
  SELECT Mno
  FROM Member
  WHERE Mname='陈燕'
)
```

执行语句如图3-13所示，查看结果看到已删除编号为“M004”的报团记录。

图 3-13　删除结果

3.4　实　验　任　务

1. 打开已经创建的"ENTERPRISE"数据库，使用 SSMS 或者 SQL 语句创建 Department、Employee 和 Salary 表，三张表的结构如表 3-9、表 3-10 和表 3-11 所示。

表 3-9　Department 表

字 段 名 称	数 据 类 型	含 义 说 明	约　　束
DepartmentID	CHAR(2)	部门编号	主键
DepartmentName	CHAR(20)	部门名称	非空

表 3-10　Employee 表

字 段 名 称	数 据 类 型	含 义 说 明	约　　束
EmployeeID	CHAR(6)	员工编号	主键
Name	CHAR(10)	姓名	非空
Birthday	DATE	出生日期	
Sex	CHAR(2)	性别	
Address	CHAR(30)	地址	
Zip	CHAR(6)	邮编	
PhoneNumber	CHAR(11)	电话号码	
EmailAddress	CHAR(10)	邮箱	
DepartmentID	CHAR(2)	所属部门编号	外键

表 3-11　Salary 表

字 段 名 称	数 据 类 型	含 义 说 明	约　　束
EmployeeID	CHAR(6)	员工编号	主键
Income	MONEY	收入	
OutCome	MONEY	支出	

2. 在所创建的"ENTERPRISE"数据库中使用 SSMS 或者 SQL 语句分别输入数据，数据内容如表 3-12、表 3-13 和表 3-14 所示。

表 3-12　Department 表中数据

DepartmentID	DepartmentName
1	财务部
2	研发部
3	人力资源部

表 3-13　Employee 表

EmployeeID	Name	Birthday	Sex	Address	Zip	PhoneNumber	EmailAddress	DepartmentID
1001	李勇	78-3-12	男	河南	475001	1298311567*	ly@henu.com	1
1002	王敏	85-11-2	女	河南	475002	1318511567*	wm@henu.com	1
1003	刘晨	78-6-22	男	河南	475003	1328711567*	lc@henu.com	1
1004	周宏	83-10-3	女	河北	475004	1338711567*	zh@henu.com	1
2001	张立	78-8-1	男	河南	475005	1341811567*	zl@henu.com	2
2002	刘毅	82-1-23	男	河南	475006	1358311567*	ly@henu.com	2
2003	张玫	81-3-15	女	陕西	475007	1368511567*	zm@henu.com	2
2004	王军	79-5-12	男	山东	475008	1375151567*	wj@henu.com	2
3001	徐静	88-8-12	女	河南	475009	1385151567*	xj@henu.com	3
3002	赵军	90-2-19	男	河南	475010	1395252567*	zj@henu.com	3
3003	王霞	82-8-18	女	湖南	475011	1405353567*	wx@henu.com	3

表 3-14　Salary 表

EmployeeID	Income	OutCome
1001	3600	1500
1002	3300	1000
1003	3700	1200
1004	4500	1600
2001	4000	1600
2002	3800	1800
2003	3800	1500
2004	5100	1800
3001	4200	2000
3002	4100	1800
3003	4600	1400

3. 运用 SQL 语句完成以下数据更新操作。

（1）将 EmployeeID 为 1001 的雇员的 PhoneNumber 信息改为 13083115678。

（2）将 DepartmentID 为 2 的所有雇员的 Zip 统一加 1。

（3）将 EmployeeID 为 3001 的雇员的 EmailAddress 信息删除。

（4）在 Department 表中，插入一条 DepartmentID 为 4，DepartmentName 为市场部的信息。

（5）更新每个雇员的 Income 使其提高 10%。

（6）将王军的 EmployeeID 改成 3004。

（7）删除 Department 表中市场部的所有信息。

（8）将人力资源部收入工资在 4100 以上雇员的支出工资信息都改为 2500。

（9）将张立的 Adress 改为湖南。

（10）求财务部雇员的平均工资，并把结果存入数据库。首先在数据库中建立一个新表，其中一列存放 EmployeeID，另一列存放相应雇员的平均年龄。

3.5 思 考 题

1. 设计表时主要考虑的因素有哪些？

2. 设计表时可选择的约束有哪些？在"ENTERPRISE"数据库中，Employee 表的 PhoneNumber 字段，为了限制它的唯一性应该使用什么约束？

3. 如果要删除 Department 表中财务部或者研发部的部门信息编号，是否可以成功删除？为什么？

4. 如果在 Employee 表中添加一条 EmployeeID 为 4 的信息，是否可以添加成功？为什么？

第4章

数据查询

▌4.1 实 验 目 的

1. 掌握SELECT语句的基本语法。

2. 掌握SELECT语句中各子句来检索数据。

3. 掌握使用子查询来检索数据。

4. 掌握使用连接查询检索数据。

5. 掌握运用SQL Server所提供函数检索数据。

▌4.2 知 识 要 点

数据查询是数据库的核心操作，数据查询是数据库管理系统中的一个最重要的功能。数据查询性能不是简单地返回数据库中存储的数据，而是根据用户的不同需求对数据进行筛选，并且以用户需要的格式返回结果。SQL Server中采用了强大的、灵活的SELECT语句来实现数据查询。

4.2.1 数据查询格式

SQL提供了SELECT语句进行数据查询，该语句具有灵活的使用方式和丰富的功能。其一般格式为：

```
SELECT [ALL|DISTINCT] <目标表达式> [,<目标表达式>] …
FROM<表名或视图名> [,<表名或视图名>…] | (SELECT语句) [AS] <别名>
[WHERE<条件表达式>]
[GROUP BY <列名1> [HAVING<条件表达式>]]
[ORDER BY <列名2> [ASC|DESC]];
```

格式说明：

（1）SELECT子句：指定要显示的属性列。

（2）FROM子句：指定查询对象（基本表或视图）。

（3）WHERE子句：指定查询条件。

（4）GROUP BY子句：对查询结果按指定列的值分组，该属性列值相等的元组为一个组。

通常会在每组中作用聚集函数。

（5）HAVING短语：只有满足指定条件的组才予以输出。

（6）ORDER BY子句：对查询结果表按指定列值的升序或降序排序。

整个SELECT语句的含义是根据WHERE子句的条件表达式从FROM子句指定的基本表、视图或派生表中找出满足条件的元组，再按SELECT子句中的目标列表达式选出元组中的属性值形成结果集。

4.2.2　查询满足的条件

查询满足指定条件的元组可以通过WHERE子句实现。WHERE子句常用的查询条件如表4-1所示。

表 4-1　常用的查询条件

查 询 条 件	谓　　词
比较	=、>、<、>=、<=、!=、<>、!>、!<、NOT+上述比较运算符
确定范围	BETWEEN AND、NOT BETWEEN AND
确定集合	IN、NOT IN
字符匹配	LIKE、NOT LIKE
空值	IS NULL、IS NOT NULL
多重条件（逻辑运算）	AND、OR、NOT

4.2.3　建立查询

单击工具栏中的"新建查询"按钮，并在弹出的"连接到服务器"对话框中单击"连接"按钮，新建一个SQL脚本。

在SQL脚本中编写数据查询语句并执行。在查询分析器的查询窗口中输入SQL语句。单击"执行"按钮 ↓ 执行(X)，执行该SQL语句，在查询窗口下部出现一个输出窗口，如图4-1所示。

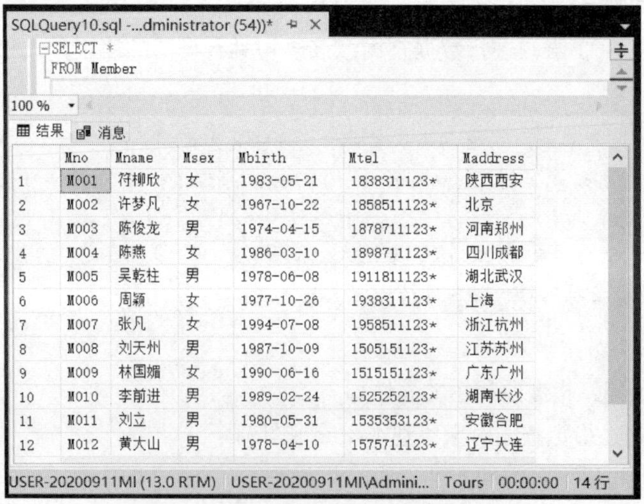

图 4-1　查询 Member 表的所有信息

4.3　实验内容

继续以"Tours"数据库为例，在Route表、Plans表、Member表和Booking表上完成SQL单表查询、连接查询、嵌套查询、集合查询等各种查询设计实验。

4.3.1　单表查询

单表查询是指仅涉及一个表的查询。

（1）查询所有旅游线路的名称和天数及价格。

```
SELECT Rname, Rday, Rprice
FROM Route
```

查询结果如图4-2所示。

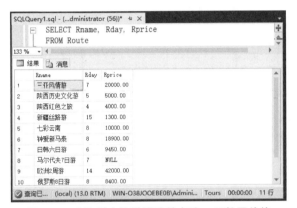

图 4-2　查询所有旅游线路的名称、天数及价格

（2）查询全体会员的姓名及其年龄。

```
SELECT Mname, YEAR (GETDATE())-YEAR (Mbirth) AS 'Mage'
FROM Member
```

查询结果如图4-3所示。

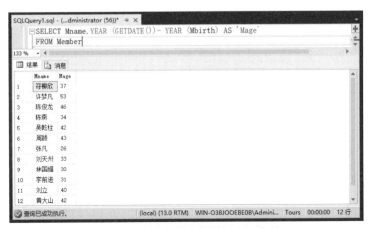

图 4-3　查询全体会员的姓名和年龄

说明：查询结果的第二列不是列名而是一个计算表达式，<目标列表达式>不仅可以是算术表达式，还可以是字符串常量、函数等。

GETDATE()为系统函数，返回当前系统日期。

YEAR()函数返回时间字段的年值。

（3）消除取值重复的行。

```
SELECT Mno
FROM Booking
```

该查询结果包含了许多重复的行，如图4-4所示。

如想去掉结果中的重复行，可以指定DISTINCT，查询结果如图4-5所示。如果没有指定DISTINCT关键字，则默认为ALL，即保留结果表中取值重复的行。

```
SELECT DISTINCT Mno
FROM Booking
```

图4-4　有重复值的查询结果

图4-5　消除重复值的查询结果

（4）查询旅行天数为8天的线路信息，查询结果如图4-6所示。

```
SELECT *
FROM Route
WHERE Rday=8
```

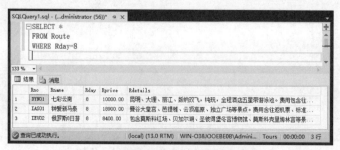

图4-6　旅行天数为8天的线路信息

（5）查询价格在10000到20000之间的线路信息，并按价格升序排序。

```
SELECT *
FROM Route
WHERE Rprice BETWEEN 10000 AND 20000
ORDER BY Rprice ASC
```

查询结果如图4-7所示。

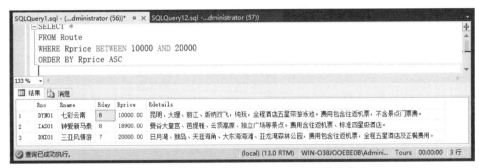

图 4-7　价格在 10000 到 20000 之间的线路信息

（6）查询报名旅游计划编号为P00001、P00002、P00003的会员编号。

```
SELECT DISTINCT Mno
FROM Booking
WHERE Pno IN('P00001','P00002','P00003')
```

查询结果如图4-8所示。

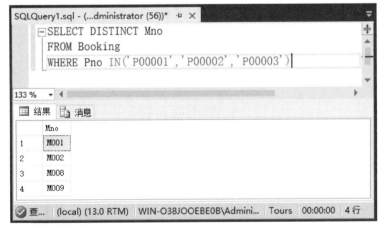

图 4-8　报名三个旅行计划的会员编号

（7）查询所有欧洲旅行线路的名称，报价和线路介绍。

```
SELECT Rname, Rprice, Rdetails
FROM Route
WHERE SUBSTRING(Rno,2,2)='EU'
```

查询结果如图4-9所示。

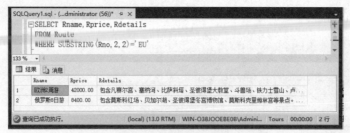

图4-9　欧洲线路名称，报价和介绍

（8）查询所有刘姓会员的姓名、性别和电话。

```
SELECT Mname,Msex,Mtel
FROM Member
WHERE Mname LIKE '刘%'
```

查询结果如图4-10所示。

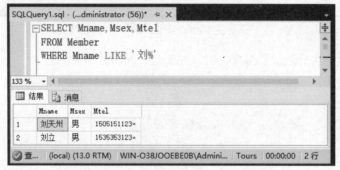

图4-10　刘姓会员的姓名、性别和电话

（9）查询报名了两项及以上旅行计划的会员编号及项数。

```
SELECT Mno,COUNT(Pno)
FROM Booking
GROUP BY Mno
HAVING COUNT(*)>=2
```

查询结果如图4-11所示。

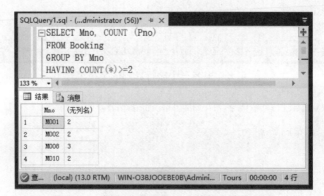

图4-11　报名了两项及以上旅行的会员编号

　　GROUP BY 子句将查询结果按某一列或多列的值分组，值相等的为一组；WHERE 子句与
HAVING 短语的区别在于作用对象不同。

4.3.2　连接查询

　　若一个查询同时涉及两个以上的表，则称为连接查询。连接查询是关系数据库中最主要的
查询，包括等值连接查询、自然连接查询、非等值连接查询、自身连接查询、外连接查询和复
合条件连接查询等。

　　（1）查询报旅游团的会员详细信息。

```
SELECT DISTINCT Booking.Mno,Member.Mname,Member.Msex,
                Member.Mbirth,Member.Mtel, Member.Maddress
FROM Booking,Member
WHERE Booking.Mno = Member.Mno
```

　　查询结果如图 4-12 所示。

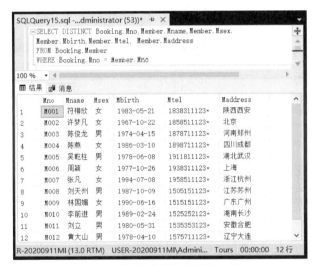

图 4-12　报旅游团的会员详细信息

　　（2）查询所有开团计划编号、名称、开始日期、折后价格并按价格升序显示。

```
SELECT Plans.Pno,Route.Rname,Plans.Pstart,Route.Pprice*Plans.Pdiscount
FROM Plans,Route
WHERE Route.Rno = Plans.Rno
ORDER BY Disprice ASC
```

　　查询结果如图 4-13 所示。

　　（3）查询每个会员的编号、姓名、所报旅行线路名称及开团日期。

```
SELECT Booking.Mno, Member.Mname, Route.Rname
FROM Booking, Member, Route, Plans
WHERE Booking.Mno = Member.Mno
AND Plans.Pno = Booking.Pno
AND Plans.Rno = Route.Rno
```

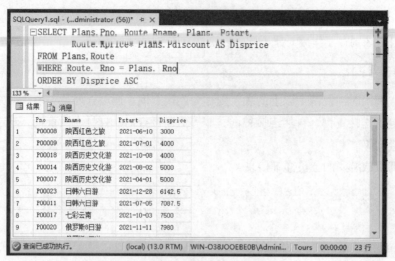

图 4-13　开团计划信息查询

查询结果如图4-14所示。

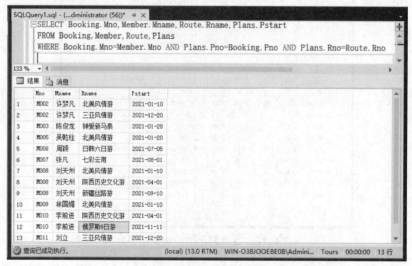

图 4-14　查询报团会员信息及线路名称和开团日期

说明：本查询涉及4个表，关系数据库管理系统在执行多表连接时，通常是先进行两个表的连接操作，再将其连接结果与第三个表进行连接。

（4）查询姓名为"符柳欣"的会员报名的旅行线路总价

```
SELECTSUM(Rprice) AS'总价'
FROM Route,Member,Booking,Plans
WHERE Member.Mname='符柳欣'
AND booking.Pno=Plans.Pno
AND Plans.Rno=route.Rno
AND booking.Mno=Member.Mno
```

查询结果如图4-15所示。

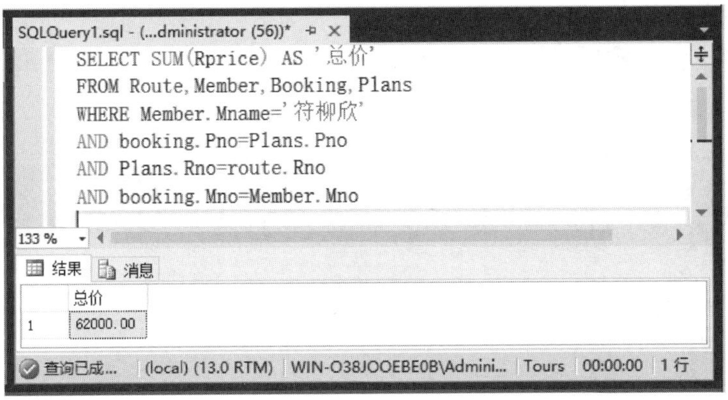

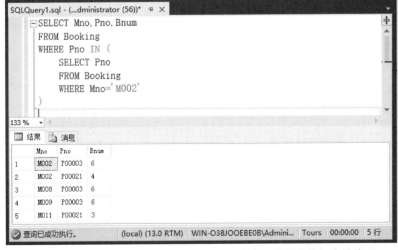

图 4-15　姓名为"符柳欣"的会员报名的旅行线路总价

4.3.3　嵌套查询

在 SQL 中，一个 SELECT-FROM-WHERE 语句称为一个查询块。将一个查询块嵌套在另一个查询块的 WHERE 子句或 HAVING 短语的条件中的查询称为嵌套查询。嵌套查询使用户可以用多个简单查询构成复杂的查询，从而增加 SQL 的查询能力，以层层嵌套的方式来构造程序正是 SQL 中"结构化"的含义所在。

（1）查询与"M002"报名相同旅行计划的会员编号、旅行安排代码及报名人数。

```
SELECT Mno,Pno
FROM Booking
WHERE PnoIN(
  SELECT Pno
  FROM Booking
  WHERE Mno='M002'
)
```

查询结果如图 4-16 所示。

图 4-16　与"M002"报名相同旅行安排的会员编号及旅行安排代码

本例中，子查询的查询条件不依赖于父查询，称为不相关子查询。

（2）查询报了"三亚风情游"的会员编号，姓名和电话。

```
SELECT Member.Mno, Member.Mname, Member.Mtel
FROM Member, Booking
WHERE Member.Mno= Booking.Mno
AND Booking.Pno IN(
  SELECT Pno
  FROM Plans
  WHERE Rno IN(
    SELECT Rno
    FROM Route
    WHERER name='三亚风情游'
  )
)
```

查询结果如图4-17所示。

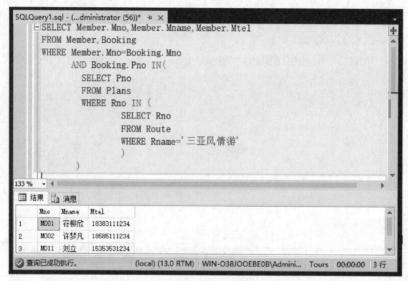

图4-17　报名"三亚风情游"会员信息

（3）查询所有选择了"P00003"的会员姓名。

```
SELECT Mname
FROM Member
WHERE EXISTS(
  SELECT *
  FROM Booking
  WHERE Booking.Mno=Member.Mno
  AND Booking.Pno='P00003'
)
```

查询结果如图4-18所示。

```
SQLQuery1.sql - (...dministrator (56))*  ⊕ ×
☐SELECT Mname
 FROM Member
 WHERE EXISTS (
 SELECT *
 FROM Booking
 WHERE Booking. Mno=Member. Mno
     AND Booking. Pno='P00003'
 )
```

133 %

结果　消息

	Mname
1	许梦凡
2	刘天州
3	林国媚

查询已成功执行。　(local) (13.0 RTM)　WIN-O38JOOEBE0B\Admini...　Tours　00:00:00　3 行

图 4-18　选择了"P00003"的会员姓名

　　EXISTS 代表存在量词∃。带有 EXISTS 谓词的子查询用于判断子查询是否有记录，如果有一条或多条记录存在，返回 True；否则，返回 False。

　　（4）查询报名人数比选择"P00004"报名人数少的会员编号、旅行安排代码、报名人数。

```
SELECT DISTINCT Mno,Pno,Bnum
FROM booking
WHERE Bnum< ALL (
  SELECT Bnum
  FROM booking
  WHERE Pno='P00004'
)
```

查询结果如图4-19所示。

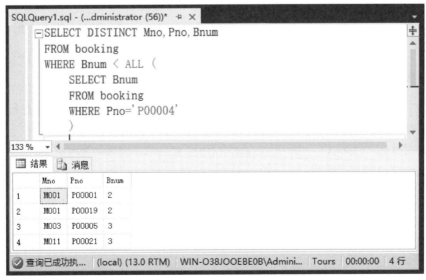

图 4-19　查询结果

在本例中，关系数据库管理系统执行此查询时，首先处理子查询，找出"P00004"中所有报名人数，构成一个集合（7,4），然后处理父查询，找所有报名人数小于（7,4）的报名记录。

（5）用聚集函数查询报名人数比选择"P00004"的任意报名人数少的会员编号、旅行计划代码、报名人数。

```
SELECT DISTINCT Mno,Pno,Bnum
FROM booking
WHERE Bnum<(
  SELECT MIN(Bnum)
  FROM booking
  WHERE Pno='P00004'
)
```

查询结果如图4-20所示。

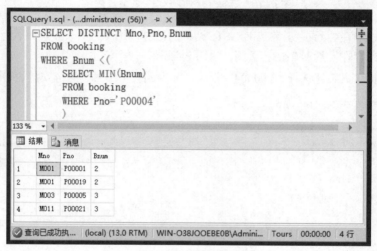

图4-20　查询结果

在本例中，是用聚集函数实现的查询，首先用子查询找出"P00004"中最小报名人数为4，然后在父查询中查询所有报名人数小于4的会员，查询结果同上一个实例。

4.3.4　集合查询

SELECT语句的查询结果是元组的集合，所以多个SELECT语句的结果可进行集合操作。集合操作主要包括并操作UNION、交操作INTERSECT和差操作EXCEPT。

（1）查询报名"P00003"或者"P00004"的会员编号、计划编号和报名人数。

```
SELECT *
FROM booking
WHERE Pno='P00003'
UNION
SELECT *
FROM booking
WHERE Pno='P00004'
```

查询结果如图4-21所示。

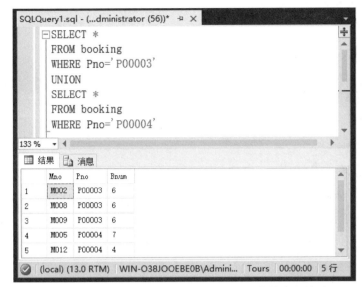

图 4-21   报名 "P00003" 或者 "P00004" 的会员编号

本例即查询报名 "P00003" 或者 "P00004" 的会员编号集合的并集。

（2）查询既报名了 "P00003" 又报名了 "P00004" 的会员编号。

```
SELECT Mno
FROM booking
WHERE Pno='P00003'
INTERSECT
SELECT Mno
FROM booking
WHERE Pno='P00004'
```

本例中没有既报名 "P00003" 又报名 "P00004" 的记录，所以查询结果如图4-22所示。

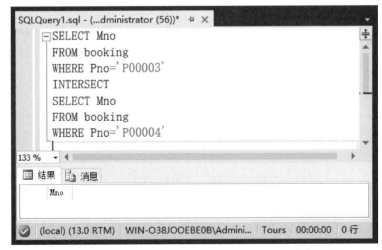

图 4-22   既报名 "P00003" 又报名 "P00004" 的会员编号

本例既查询报名"P00003"又报名"P00004"的会员编号集合的交集。

（3）查询报名"P00004"与报名人数不大于5的会员的差集。

```
SELECT Mno
FROM booking
WHERE Pno='P00004'
EXCEPT
SELECT Mno
FROM booking
WHERE Bnum<=5
```

查询结果如图4-23所示。

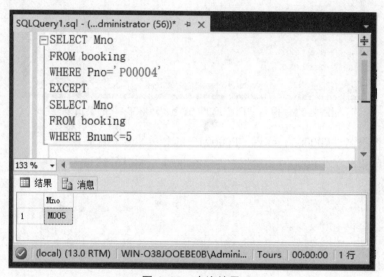

图4-23　查询结果

本例也就是查询选择"P00004"与报名人数不大于5的会员的差集。

4.3.5　基于派生表的查询

子查询不仅可以出现在WHERE子句中，还可以出现在FROM子句中，这时子查询生成的临时派生表成为主查询的查询对象。

（1）查询目前各个团编号、名称、报名总人数，以及空缺名额数。

```
SELECT Sum_Plan.Pno As 开团编号, Route.Rname As 线路名称,
       Plans.PstartAs开团日期, Sum_Plan.Sum_Renshu As 已报人数,
       Plans.Ptop-Sum_Plan.Sum_Renshu As 空缺名额
From Route, Plans, (Select Pno, Sum(Bnum)
       From Booking
       Group By Pno )As Sum_Plan(Pno, Sum_Renshu)
WHERE Route.Rno=Plans.Rno
AND Plans.Pno=Sum_Plan.Pno
```

查询结果如图4-24所示。

图 4-24 各团报名信息汇总

（2）找出参加"P00004"并且报名人数为 4 人的会员编号

```sql
SELECT Booking.Mno, Member.Mname, Member.Msex, Member.Mtel
FROM Booking, Member,(
  SELECT Mno, Pno, Bnum
  FROM Booking
  WHERE Bnum = 4
) A
WHERE booking.Mno = A.Mno
AND Booking.Pno = 'P00004'
AND Booking.Mno = Member.Mno
```

查询结果如图 4-25 所示。

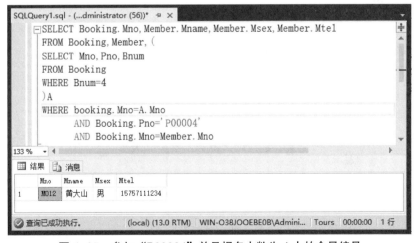

图 4-25 参加"P00004"并且报名人数为 4 人的会员编号

这里 FROM 子句中的子查询将生成一个派生表 A，该表由 Mno、Pno、Bnum 三个属性组成，记录了报名人数为 4 人的会员编号、旅行安排代码、报名人数。主查询将 booking 表与 A 按会员编号相等进行连接，选出参加 "P00004" 并且报名人数为 4 的会员编号。

4.4 实 验 任 务

打开已经创建的 "ENTERPRISE" 数据库，在 Employee、Department 和 Salary 三个表中完成下面查询设计。

1. 查询每个雇员的所有信息。

2. 查询每个雇员的地址和电话。

3. 查询 EmployeeID 为 "2001" 的雇员地址和电话。

4. 查询女雇员的地址和电话，并用 AS 子句将结果中各列的标题分别指定为 "地址" 和 "电话"。

5. 计算每个雇员的实际收入。

6. 找出所有姓王的雇员的部门号。

7. 查询所有地址为 "河南" 的雇员的号码和部门号。

8. 查询每个雇员的情况及工资情况（工资 =Income – Outcome）。

9. 查询财务部工资在 2 200 元以上的雇员姓名及工资情况。

10. 查询研发部在 1966 年以前出生的雇员姓名及其工资详情。

11. 查询人力资源部雇员的最高和最低工资。

12. 将各雇员的情况按工资由低到高排列。

13. 求各部门的雇员人数。

14. 找出所有在财务部和人力资源部工作的雇员的编号。

15. 统计人力资源部工资在 2500 以上雇员的人数。

16. 求财务部雇员的总人数。

17. 求财务部雇员的平均工资。

18. 查找比所有财务部的雇员工资都高的雇员的姓名。

19. 查找财务部年龄不低于研发部所有雇员年龄的雇员的姓名。

20. 查找在财务部工作的雇员的情况。

4.5 思 考 题

1. 列举出可以用不同 SQL 查询语句完成同一功能的实例。

2. 如何提高数据查询速度？

3. WHERE 子句与 HAVING 短语的区别是什么？

4. 对于常用的查询形式和查询结果，怎样处理比较好？

第5章

索引和视图操作

▌ 5.1 实 验 目 的

1. 了解索引的类型和作用。

2. 掌握使用 SSMS 和 SQL 语句创建和管理索引。

3. 了解视图的概念、分类及作用。

4. 掌握使用 SSMS 和 SQL 语句创建、管理和使用视图。

5. 熟悉视图更新与基本表更新的区别与联系。

▌ 5.2 知 识 要 点

在关系数据库中，索引是一种单独的、物理的对数据库表中一列或多列的值进行排序的存储结构，它是某个表中一列或若干列值的集合和相应的指向表中物理标识这些值的数据页的逻辑指针清单。索引的作用相当于图书的目录，可以根据目录中的页码快速找到所需的内容。

视图是一种常用的数据库对象，视图并不在数据库中以存储的数据集的形式存在，它将查询结果以虚拟表的形式存储在数据库中。视图的结构和内容是建立在对表的查询基础之上的，和表一样包括行和列，这些行列数据都源自其所应用的基本表。

在对视图的数据进行操作时，系统根据视图的定义去操作与视图相关联的基本表，同时，若基本表的数据发生变化时，这种变化也可以在视图上自动体现出来。视图不仅可以方便用户操作，而且可以保障数据库系统的安全性。

5.2.1 索引

1. 索引的分类

按存储结构分，可将索引分为聚集索引和非聚集索引。

（1）聚集索引。聚集索引基于数据行的键值，在表内排序和存储这些数据行。每个表只能有一个聚集索引，因为数据行本身只能按一个顺序存储。创建聚集索引时应该考虑以下几个因素：

① 每个表只能有一个聚集索引。

② 表中的物理顺序和索引中行的物理顺序是相同的，创建任何非聚集索引之前要先创建聚集索引，这是因为非聚集索引改变了表中行的物理顺序。

③ 关键值的唯一性使用 UNIQUE 关键字或者由内部的唯一标识符明确。

④ 在索引的创建过程中，SQL Server 临时使用当前数据库的磁盘空间，所以要保证有足够的空间创建聚集索引。

（2）非聚集索引。非聚集索引具有完全独立于数据行的结构，使用非聚集索引不用将物理数据页中的数据按列排序。非聚集索引包含索引键值和指向表数据存储位置的行定位器。可以对表或索引视图创建多个非聚集索引。

具有以下特点的查询可以考虑使用非聚集索引：

① 使用 JOIN 或 GROUP BY 子句。应为连接和分组操作中所涉及的列创建多个非聚集索引，为任何外键列创建一个聚集索引。

② 包含大量唯一值的字段。

③ 不返回大型结果集的查询。创建筛选索引以覆盖从大型表中返回定义完善的行子集的查询。

④ 经常包含在查询的搜索条件（如返回完全匹配的 WHERE 子句）中的列。

（3）其他索引。其他索引包括唯一索引、视图索引、全文索引、筛选索引和 XML 索引等。

① 唯一索引：确保索引键不包含重复的值，因此，表或视图中的每一行在某种程度上是唯一的。聚集索引和非聚集索引都可以是唯一索引。这种唯一性与前面讲过的主键约束是相关联的，在某种程度上，主键约束等于唯一性的聚集索引。

② 视图索引：在视图上添加索引后能提高视图的查询效率。视图的索引将具体化视图，并将结果集永久存储在唯一的聚集索引中，而且其存储方法与带聚集索引的表的存储方法相同。创建聚集索引后，可以为视图添加非聚集索引。

③ 全文索引：一种特殊类型的基于标记的功能性索引，由 Microsoft SQL Server 全文引擎生成和维护。用于帮助在字符串数据中搜索复杂的词。这种索引的结构与数据库引擎使用的聚集索引或非聚集索引的 B 树结构是不同的。

④ 筛选索引：一种经过优化的非聚集索引，尤其适用于涵盖从定义完善的数据子集中选择数据的查询。筛选索引使用筛选谓词对表中的部分行进行索引。与全表索引相比，设计良好的筛选索引可以提高查询性能、减少索引维护开销并可降低索引存储开销。

⑤ XML 索引：是与 XML 数据关联的索引形式，是 XML 二进制大对象（BLOB）的已拆分持久表示形式，XML 索引又可以分为主索引和辅助索引。

2. 索引设计原则

（1）索引并非越多越好，如果一个表中有大量的索引，不仅占用大量的磁盘空间，而且会影响 INSERT、DELETE、UPDATE 等语句的性能。因为当表中数据更改的同时，索引也会进行调整和更新。

（2）避免对经常更新的表创建过多的索引，并且索引中的列尽可能少。而对经常用于查询的字段应该创建索引，但要避免添加不必要的字段。

（3）当唯一性是某种数据本身的特征时，指定唯一索引。使用唯一索引能够确保定义的列的数据完整性，提高查询速度。

（4）在频繁进行排序或分组（即进行 GROUP BY 或 ORDER BY 操作）的列上建立索引，如果待排序的列有多个，可以在这些列上建立组合索引。

3. 索引的创建和管理

（1）创建索引的 SQL 语句。CREATE INDEX 语句为给定表或视图创建一个改变物理顺序的聚集索引，也可以创建一个具有查询功能的非聚集索引，语法格式如下：

```
CREATE [UNIQUE] [CLUSTERED] [NONCLUSTERED] INDEX INDEX_NAME
ON {TABEL/VIEW} (COLUMN[DESE/ASC][,...N])
```

① UNIQUE：表示在表或视图上创建唯一索引。唯一索引不允许两行具有相同的索引键值。视图的聚集索引必须唯一。当省略 UNIQUE 选项时，建立非唯一索引。

② CLUSTERED：表示创建聚集索引。

③ NONCLUSTERED：表示创建一个非聚集索引，是 CREATE INDEX 语句的默认值。

（2）使用 SQL 语句更改索引名称。

```
USE DATABASE_NAME
EXEC SP_RENAME 'TABLE_NAME.OLD_NAME' 'NEW_NAME'
```

说明：要对索引进行重命名时，需要修改的索引名格式必须为"表名.索引名"。

（3）使用 SQL 语句删除索引，语法格式如下：

```
DROP INDEX  '[table|view].index' [,..n]
```

或者：

```
DROP INDEX  'index' ON '[table|view]'
```

① [table|view] 用于指定索引列所在的表或视图。

② index 用于指定要删除的索引名称。

5.2.2　视图

1. 视图分类

（1）标准视图。标准视图组合了一个或多个表中的数据，可以获得使用视图的大多数好处，包括将重点放在特定数据上及简化数据操作。

（2）索引视图。索引视图是被具体化了的视图，即它已经过计算并存储。可以为视图创建索引，即对视图创建一个唯一的聚集索引。索引视图可以显著提高某些类型查询的性能。

（3）分区视图。分区视图在一台或多台服务器间水平连接一组成员表中的分区数据。这样，数据看上去如同来自于一个表。连接同一个 SQL Server 实例中的成员表的视图是一个本地分区视图。

2. 创建视图

使用SQL提供的CREATE VIEW语句创建视图。语句格式如下：

```
CREATE VIEW <视图名> [(<列名> [, <列名>]...)]
AS <子查询>
[WITH CHECK OPTION]
```

其中，[WITH CHECK OPTION]表示对视图进行UPDATE、INSERT和DELETE操作时要保证更新、插入或删除的行满足视图定义中的谓词条件。

3. 更新视图

更新视图是指通过视图来更新、插入、删除基本表中的数据。因为视图是一个虚拟表，其中没有数据，所以，当通过视图更新数据时，其实是在更新基本表中的数据，当对视图中的数据进行增加，或者删除操作时，实际上是在对其基本表中的数据进行增加或者删除操作。

（1）使用UPDATE语句更新视图，格式语句如下：

```
UPDATE <视图名>
SET <列名>
WHERE <条件>
```

（2）使用INSERT语句更新视图。

```
INSERT
INTO <视图名>
VALUES <元组>
```

（3）使用DELETE语句更新视图。

```
DELETE
FROM <视图名>
WHERE <条件>
```

说明：虽然视图更新的方式有多种，但是，并不是所有情况下都能执行视图的更新操作，当视图中包含如下内容时，视图的更新操作不能被执行：

- 修改视图中的数据时，不能同时修改两个或多个基本表；
- 在定义视图的SELECT语句后的字段列表中，使用了数学表达式；
- 在定义视图的SELECT语句后的字段列表中，使用了聚合函数；
- 在定义视图的SELECT语句中，使用了DISTINCT、UNION、TOP、GROUP BY或者HAVING子句；
- 执行UPDATE或DELETE命令时，无法用DELETE命令删除数据，若使用UPDATE命令则应当与INSERT命令一样，被更新的列必须属于同一个表。

4. 删除视图

在创建视图后，如果不再需要该视图，或想清除视图定义及与之相关联的权限，可以删除该视图。删除视图后，表和视图所基于的数据并不受到影响。任何使用基于已删除视图的对象的查询将会失败，除非创建了同样名称的一个视图。

使用 DROP TABLE 删除的表上的任何视图都必须使用 DROP VIEW 显式删除。语法格式如下：

```
DROP VIEW View_name [, view_name1]……
[RESTRICT | CASCADE]
```

5.3　实　验　内　容

5.3.1　索引操作

1. 使用SSMS创建索引

（1）在"对象资源管理器"窗格中展开"数据库"节点，选择"Tours"数据库。

（2）向Member表的"Mname"列创建唯一索引，不仅可以限制姓名的唯一性，而且还能够提高查询速度，具体操作如下：在"对象资源管理器"窗格中，依次展开"数据库服务器"→"数据库"→"Tours"→"Member"→"索引"，右击"索引"，在弹出的快捷菜单中选择"新建索引"→"非聚集索引"命令，如图5-1所示。

图 5-1　SSMS 新建索引

（3）在弹出的"新建索引"对话框中设置索引的列、索引类型等，如图5-2所示。

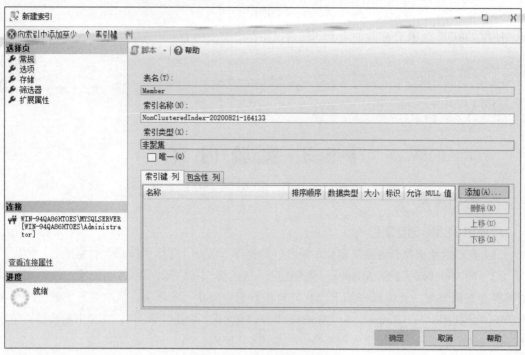

图 5-2　SSMS 设置索引

（4）单击"添加"按钮，选择需要建立索引的列"Mname"，如图 5-3 所示。

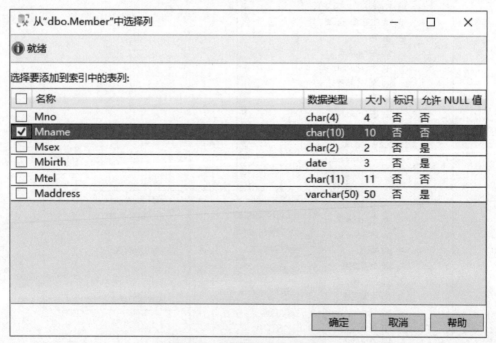

图 5-3　选择要建立索引的列

（5）单击"确定"按钮后，添加成功，如图 5-4 所示，此时勾选"唯一"选项，并可以为该索引设置升序或降序排序，也可以为该索引重新命名。

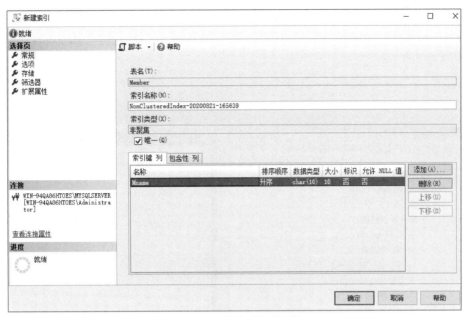

图 5-4　设置索引相关属性

2. 使用 SSMS 修改索引

索引创建成功后，可以在 Mname 表下看到创建成功的索引，如图 5-5 所示。右击要查看或修改的索引，在弹出的快捷菜单中选择"属性"命令，也可以直接双击该索引，打开"索引属性"窗口，在该窗口中可以查看到表中的所有索引，可以增加、删除或者修改索引字段。

图 5-5　使用 SMSS 修改索引

3. 用SQL语句创建索引

在 Member 表的 "Mname" 列上创建唯一索引 Mname_Unique，使用 SQL 语句创建的命令如下，如图 5-6 所示。

```
CREATE UNIQUE INDEX Mname_Unique
ON Member(Mname)
```

图 5-6 在 Member 表的 "Mname" 列创建唯一索引

4. 使用SQL语句修改索引

将 Member 表的 Mname_Unique 索引改名为 Mna_Uniq，如图 5-7 所示。

```
USE Tours
EXEC SP_rename 'Member.Mname_Unique','Mna_Uniq', 'index'
```

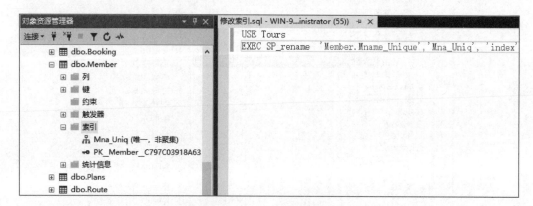

图 5-7 用 SQL 语句修改索引

5. 使用SQL语句删除索引

删除 Member 表的 Mna_Uniq 索引，如图 5-8 所示。

```
DROP INDEX Member. Mna_Uniq
```

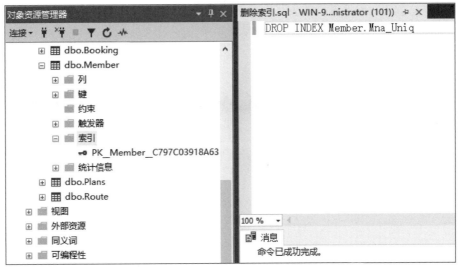

图 5-8　用 SQL 语句删除索引

删除索引时，系统会同时删除数据字典中关于该索引的描述。

5.3.2　视图操作

1. 使用SSMS创建视图

在"Tours"数据库中建立选择了旅游计划编号为"P00001"的会员的编号、姓名、所报旅行线路名称及开团日期的视图。

（1）在"对象资源管理器"窗格中选择已经创建的"Tours"数据库，单击"视图"结点，在弹出的快捷菜单中选择"新建视图"命令，打开视图设计窗口和"添加表"对话框，如图5-9所示。

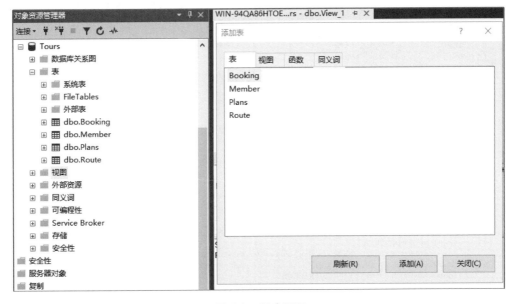

图 5-9　新建视图

（2）在"添加表"对话框的"表"选项卡中列出了所有可用的表，由于该视图涉及所有四个表的内容，所以需要将四个表全部添加进去作为视图的基表。

（3）添加完毕后关闭"添加表"对话框，视图设计窗口如图5-10所示，命令窗口也会显示出选择的SQL代码。

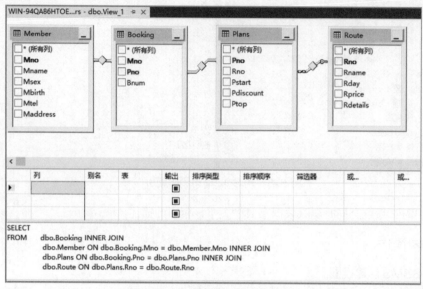

图 5-10　视图设计窗口

（4）在视图设计窗口中选择相应列的复选框，根据视图所需呈现的内容，分别依次选择会员的编号"Mno"、姓名"Mname"、所报旅行线路名称"Rname"、开团日期"Pstart"和"Pno"字段，将它们设置为输出，如图5-11所示，选择的同时SQL代码也会随之改变。

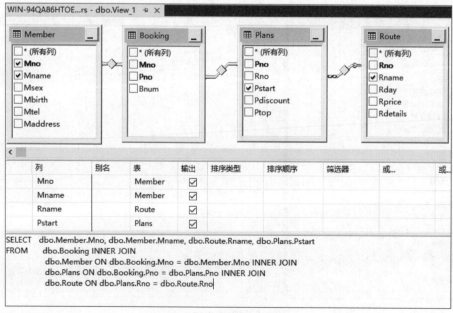

图 5-11　选择输出字段

（5）在条件窗格的"筛选器"中设置筛选记录的条件，即在条件窗格中选择"Booking"表中的"Pno"段，此时"Pno"不用输出，因为最终的视图不需要显示"Pno"，但"Pno"作为筛选条件必须选择出来，在"Pno"的"筛选器"列中输入"P00001"，如图5-12所示，命令窗口的SQL代码随之改变。

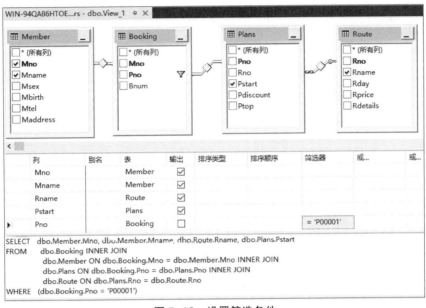

图 5-12　设置筛选条件

（6）在"视图设计器"窗口的命令显示窗口中右击，在弹出的快捷菜单中选择"验证SQL语法"命令检查语法错误，语法正确后单击"执行"按钮，可以预览视图中的数据，如图5-13和图5-14所示。

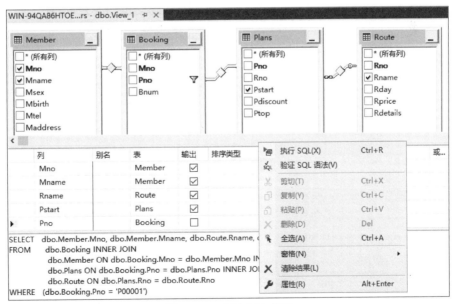

图 5-13　验证 SQL 语法

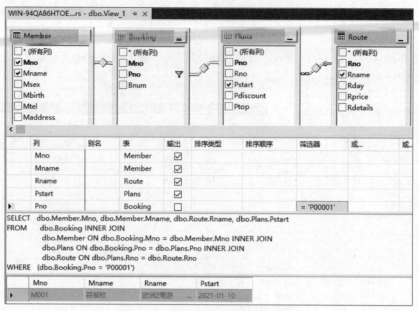

图 5-14　执行 SQL 输出视图数据

（7）测试正常后单击工具栏中的"保存"按钮，弹出"选择名称"对话框，在该对话框中命名视图为MP_M1。

2. 使用SSMS修改视图

将视图MP_M1修改为预定了"P00003"号的会员的编号、姓名、所报旅行线路名称及开团日期，并在该视图中增加旅行天数"Rday"和线路简介"Rdetails"。右击视图MP_M1，在弹出的快捷菜单中选择"设计"命令进入视图设计窗口，按照前面介绍的方法，再选择需要添加的字段，设置筛选条件，验证SQL语句并执行，完成之后保存修改后的视图，如图5-15所示。

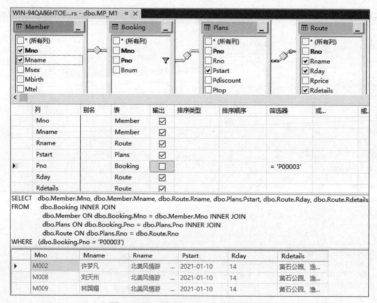

图 5-15　使用 SSMS 修改视图

也可以通过SSMS删除视图，在"对象资源管理器"窗格中选择相应的视图并右击，在弹出的快捷菜单中选择"删除"命令即可。

3. 使用SQL语句创建视图

（1）创建预定了线路编号为"ISN01"号的会员的编号、姓名、所报旅行线路名称及开团日期的视图，命名为"MP_M2"，在查询窗口中输入如下命令，执行后如图5-16所示。

```
CREATE VIEW MP_M2 (Mno,Mname,Rname,Pstart)
AS
SELECT Member.Mno,Member.Mname,Route.Rname,Plans.Pstart
FROM Member,Route,Plans,Booking
WHERE Route.Rno = 'ISN01'
      AND Booking.Mno = Member.Mno
      AND Booking.Pno = Plans.Pno
      AND Plans.Rno = Route.Rno
```

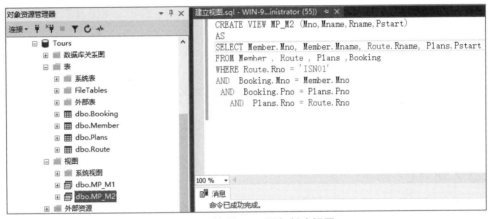

图 5-16   使用 SQL 语句创建视图

（2）打开视图，查看视图中的数据，如图5-17所示。

Mno	Mname	Rname	Pstart
M002	许梦凡	北美风情游 ...	2021-01-10
M005	吴乾柱	北美风情游 ...	2021-01-20
M008	刘天州	北美风情游 ...	2021-01-10
M009	林国媚	北美风情游 ...	2021-01-10
M012	黄大山	北美风情游 ...	2021-01-20
NULL	*NULL*	*NULL*	*NULL*

图 5-17   查看视图中的数据

4. 使用SQL语句查询视图

查询预定了线路"ISN01"号，发团日期为2021年1月10日的会员编号和姓名，语句如下：

```
SELECT Mno,Mname
```

```
FROM MP_M2
WHERE Pstart = '2021-01-10'
```

查询视图如图5-18所示。

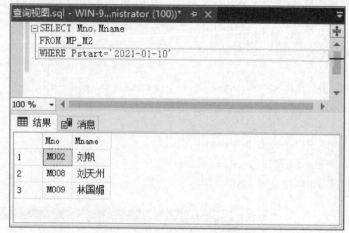

图 5-18　用 SQL 语句查询视图

5. 用 SQL 语句修改视图

（1）将视图MP_M2中会员编号为"M002"的会员姓名改为"刘帆"，语句如下：

```
UPDATE MP_M2
SET Mname = '刘帆'
WHERE Mno = 'M002'
```

如图5-19所示。

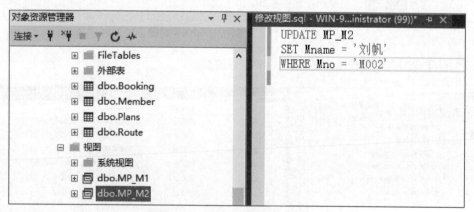

图 5-19　用 SQL 语句修改视图

执行该命令后可以查看视图MP_M2和Member表，发现之前会员编号为"M002"的会员姓名改为了"刘帆"。

（2）新建一个女性的会员视图FM_Member，并向该视图中插入一个新的女会员记录，其中，会员编号为"M013"，姓名为"赵新"，性别为"女"，出生日期为"1989-03-08"，电话为"1587898234*"，地址为"云南大理"，命令及执行结果如图5-20所示。

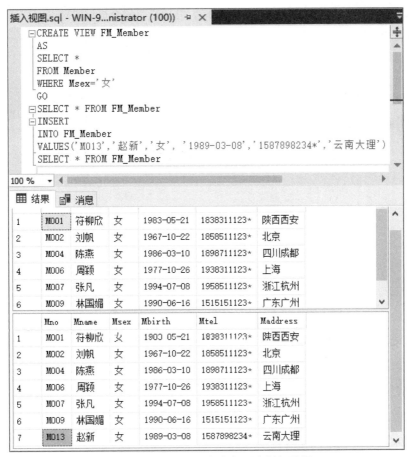

图 5-20 用 SQL 语句向视图中插入数据

创建视图：

```
CREATE VIEW FM_Member
AS
SELECT *
FROM Member
WHERE Msex='女'
```

查看视图：

```
SELECT * FROM FM_Member
```

向视图中插入数据：

```
INSERT
INTO FM_Member
VALUES('M013','赵新','女', '1989-03-08','1587898234*','云南大理')
```

查看插入新数据后的视图：

```
SELECT * FROM FM_Member
```

向视图插入数据成功后，可以看到原表Member中也插入了该条数据记录。

（3）删除女性会员视图FM_Member中编号为"M013"的会员记录。

```
DELETE
FROM FM_Member
WHERE Mno = 'M013'
SELECT * FROM FM_Member
```

执行结果如图5-21所示。

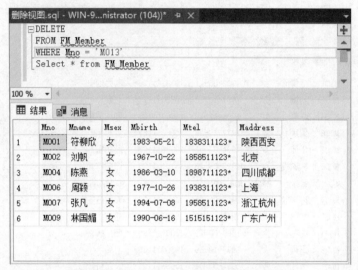

图 5-21　用 SQL 语句从视图中删除数据

6. 使用 SQL 语句删除视图

删除女性会员视图FM_Member，如图5-22所示。

```
DROP VIEW FM_Member
GO
```

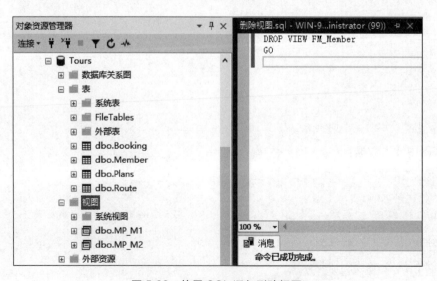

图 5-22　使用 SQL 语句删除视图

5.4 实 验 任 务

在所创建的 "ENTERPRISE" 数据库中使用 SSMS 或者 SQL 语句完成下列操作：

1. 在 Department 表的 DepartmentName 列建立唯一非聚集索引 in_depname。

2. 修改 Department 表中的 in_depname 索引的索引名为 Unique_depname。

3. 删除 Department 表中的索引 Unique_depname。

4. 定义一个视图用以查看所有员工的编号、姓名和出生日期。

5. 定义一个满足 Sex='女' 的员工的所有信息的视图。

6. 定义一个视图用以查看部门号码为 '2' 的所有员工的姓名、电话和邮件地址。

7. 定义一个视图用以查看所有员工的姓名、部门名及工资。

8. 定义一个比所有财务部的雇员工资都高的雇员的信息的视图。

9. 定义一个视图用以查看所有雇员的编号、姓名、年龄。

10. 向以上新建的视图中插入一条记录，观察实验结果。

5.5 思 考 题

1. 什么是索引？索引的作用有哪些？

2. 哪些列上适合创建索引？哪些列上不适合创建索引？

3. 能不能为一个关系的每一列都设置为索引，为什么？

4. 什么是视图？为什么要使用视图？

5. 视图和表有什么区别和联系？

6. 什么情况下可以成功地向视图中插入数据？

第6章

数据库安全性实验

▍6.1 实 验 目 的

1. 理解 SQL Server 2016 的安全体系结构。
2. 掌握创建和管理登录账户的方法。
3. 掌握创建和管理数据库用户的方法。
4. 掌握创建和管理角色的方法。
5. 熟练掌握权限的各种操作。

▍6.2 知 识 要 点

数据库的一大特点是数据可以共享，但数据共享必然带来数据库的安全性问题，因为数据库系统中的数据共享不能是无条件的共享。数据库中数据共享是在 DBMS 统一严格的控制之下的共享，即只允许有合法使用权限的用户访问允许其存取的数据。因此数据库系统的安全保护措施是否有效是数据库系统主要的性能指标之一。

6.2.1 SQL Server 安全性机制

（1）服务器级别所包含的安全对象主要有登录名、固定服务器角色等。其中登录名用于登录数据库服务器，而固定服务器角色用于给登录名赋予相应的服务器权限。SQL Server 中的登录名主要有两种：第一种是 Windows 登录名；第二种是 SQL Server 登录名。Windows 登录名对应 Windows 验证模式，该验证模式所涉及的账户类型主要有 Windows 本地用户账户、Windows 域用户账户、Windows 组。SQL Server 登录名对应 SQL Server 验证模式，在该验证模式下，能够使用的账户类型主要是 SQL Server 账户。

（2）数据库级别所包含的安全对象主要有用户、角色、应用程序角色、证书、对称密钥、非对称密钥、程序集、全文目录、DDL 事件、架构等。用户安全对象用来访问数据库。如果某人只拥有登录名，而没有在相应的数据库中为其创建登录名所对应的用户，则该用户只能登录数据库服务器，而不能访问相应的数据库。

（3）架构级别所包含的安全对象主要有表、视图、函数、存储过程、类型、同义词、聚合函数等。架构的作用简单地说是将数据库中的所有对象分成不同的集合，这些集合没有交集，每一个集合就称为一个架构。数据库中的每一个用户都会有自己的默认架构。这个默认架构可以在创建数据库用户时由创建者设定，若不设定则系统默认架构为"dbo"。数据库用户只能对属于自己架构中的数据库对象执行相应的数据操作，而操作的权限则由数据库角色所决定。

6.2.2　安全验证模式

1. Windows 模式

使用 Windows 系统账户的登录账户和密码，在安装时这些信息已经保存在 SQL Server 系统数据库中，如图 6-1 所示。

图 6-1　Windows 登录模式

当用户想要使用 Windows 身份验证连接到 SQL Server 上时，登录用户名和密码会默认为数据库服务器中已存在的 Windows 系统账户和密码。

2. SQL Server 验证

当 SQL Server 安装完后，会自动建立一个特殊的账户"sa"（system administrator）。或者如果在安装系统时选择 Windows 和 SQL Server 混合身份验证方式时，也会创建账户"sa"，并设置该账户的登录密码。通过 SQL Server 身份验证进行连接的用户每次连接时必须提供登录名和密码，如图 6-2 所示。

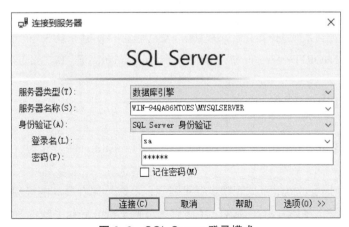

图 6-2　SQL Server 登录模式

如果在安装系统时没有设置"sa"的登录名和密码，则可以在 Windows 登录模式下双击图6-3中的登录名"sa"，并在弹出的窗口中设置"sa"的密码，如图6-3所示。

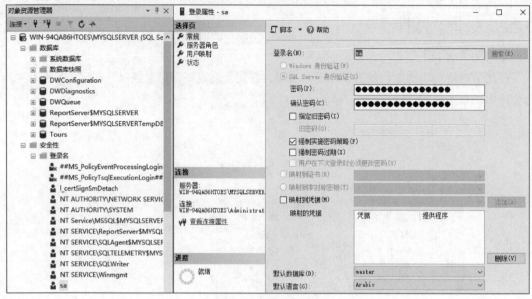

图 6-3 "sa"账户设置

当使用 SQL Server 身份验证时，必须为所有 SQL Server 账户设置强密码。SQL Server 密码最多可包含128个字符，其中包括字母、符号和数字。强密码不易被人猜出，也不易被计算机程序攻击。

6.2.3 账户管理

任何一个 Windows 用户或者 SQL Server 用户要连接到数据库服务器，都必须关联一个合法登录名，登录名是服务器级的安全策略，是基于服务器级使用的用户名称。如果把数据库作为一个拥有无数房间的大楼，那么通过合法的登录名登录就能进入这栋大楼。

在安装 SQL Server 2016 以后，系统已创建几个默认登录账号。进入 SSMS，在"对象资源管理器"中展开要查看的 SQL Server 服务器，再展开"安全性"文件夹，展开并选中"登录名"文件夹，即可看到系统创建的默认登录账号及已建立的其他登录账号，如图6-4所示。

其中，"NT AUTHORITY\SYSTEM"、"计算机名\Administrator"和"sa"是默认的登录账号，其含义如下：

（1）NT AUTHORITY\SYSTEM：Windows 系统内置账号，允许作为 SQL Server 2016 登录账号使用。

（2）计算机名\Administrator：允许 Windows 的 Administrator 账号作为 SQL Server 登录账号使用。

（3）Sa：SQL Server 2016 系统管理员登录账号，该账号拥有最高的管理权限，可以执行服务器范围内的所有操作。通常 SQL Server 2016 管理员也是 Windows 系统的管理员。

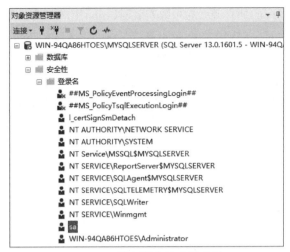

图 6-4　服务器上的登录账号

6.2.4　用户管理

登录账户创建成功后，用户有了可以连接到 SQL Server 数据库引擎的权限，但是不一定具备访问各个数据库的条件，因此，必须创建与登录名映射的数据库用户，以此来获得访问数据库的权限。

如果把数据库作为一个拥有无数房间的大楼，那么登录账户就是给予进入大楼的机会，而每个房间的钥匙就是数据库用户。在创建的任何一个数据库中均默认包含 "dbo" 和 "guest" 两个特殊用户，如图6-5所示。

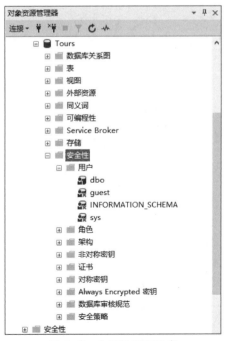

图 6-5　内置数据库用户

（1）dbo用户是数据库的拥有者。在系统安装时，dbo用户就被设置到model数据库中，而且不能被删除。dbo用户对应创建该数据库的登录账户，并且具有db_owner角色成员身份，而db_owner角色具有对所拥有数据库的全部权限。

（2）guest用户是数据库的"访客"。所有非此数据库的用户都将以guest用户的身份访问数据库，拥有guest的所有权限。因此，对guest用户授予权限一定要慎重，默认情况下guest用户是没有什么权限的。

6.2.5　角色管理

1. 角色的概念

SQL Server使用角色的概念管理数据库访问权限。角色是一个强大的工具，它可以将用户集中到一个单元中，然后对该单元应用权限。对一个角色授予、拒绝或废除权限适用于该角色中的任何成员。例如，可以建立一个角色来代表单位中一类工作人员所执行的工作，然后给这个角色授予适当的权限。

2. 固定服务器角色

固定服务器角色的权限用户无权更改并且可以在数据库中不存在用户账户的情况下向固定服务器角色分配登录名，固定服务器角色的每个成员都可以将其他登录名添加到该角色。用户定义的服务器角色无法将其他服务器主体添加到角色，但是可以将服务器级权限添加到用户定义的服务器角色。

在"对象资源管理器"窗格中，依次展开"服务器实例"→"安全性"→"服务器角色"，即可看到系统创建的固定服务器角色，如图6-6所示。

图 6-6　固定服务器角色

SQL Server提供了9种固定服务器角色，其角色的功能如表6-1所示。

表 6-1 固定服务器角色功能

固定服务器角色	描 述
Sysadmin	全称为 System Administrators，可在 SQL Server 中执行任何活动
Serveradmin	全称为 Server Administrators，可设置服务器范围的配置选项，关闭服务器
Setupadmin	全称为 Setup Administrators，可管理连接服务器和启动过程
Securityadmin	全称为 Security Administrators，可管理服务器登录，读取错误日志和更改密码
Processadmin	全称为 Process Administrators，可以终止在 SQL Server 实例中运行的进程
Dbcreator	全称为 Database Creators，可以创建、更改和删除数据库
Diskadmin	全称为 Disk Administrators，可以管理磁盘文件
Bulkadmin	全称为 Bulk Insert Administrators，可以执行大容量插入
Public	所有用户都具有的一个角色

3. 固定数据库角色

固定数据库角色是在数据库级别定义的具有预定义的权限，并且存在于每个数据库中。用户可以向数据库级角色中添加任何数据库账户和其他 SQL Server 角色。固定数据库角色的每个成员都可向同一个角色添加其他登录名。

在"对象资源管理器"窗格中，依次展开"服务器实例"→"安全性"→"角色"→"数据库角色"，即可看到系统创建的固定数据库角色，如图 6-7 所示。

图 6-7 固定数据库角色

SQL Server 提供了 10 个固定数据库角色，其角色的功能如表 6-2 所示

表 6-2 固定数据库角色

数据库级别的角色名称	说 明
Public	最基本的数据库角色，每个用户都属于该角色
db_owner	在数据库中有全部权限
db_securityadmin	可以管理全部权限、对象所有权、角色和角色成员资格
db_accessadmin	可以添加或删除用户 ID
db_backupoperator	可以发出 DBCC CHECKPOINT 和 BACKUP 语句，备份数据库
db_ddladmin	可以在数据库中运行任何数据定义语言（DDL）命令
db_datareader	可以选择数据库内任何用户表中的所有数据
db_datawriter	可以更改数据库内任何用户表中的所有数据
db_denydatareader	不能选择数据库内任何用户表中的任何数据
db_denydatawriter	不能更改数据库内任何用户表中的任何数据

4. 数据库角色创建与授权

SQL 中使用 CREATE ROLE 语句创建角色，使用 GRANT 语句给角色授权，使用 REVOKE 语句收回授予角色的权限。

（1）数据库角色的创建。创建角色的 SQL 语句格式是：

```
CREATE ROLE <角色名>
```

刚刚创建的角色是空的，没有任何内容。可以用 GRANT 为角色授权。

（2）给角色授权：

```
GRANT <权限> [, <权限> ] …
ON <对象类型> 对象名
TO <角色> [, <角色>]…
```

数据库管理员和用户可以利用 GRANT 语句将权限授予某一个或几个角色。

（3）将一个角色授予其他的角色或用户：

```
GRANT <角色1> [, <角色2>]…
TO <角色3> [, <用户1>]…
[WITH ADMIN OPTION]
```

（4）角色权限的收回：

```
REVOKE <权限> [, <权限>]…
ON <对象类型> <对象名>
FROM <角色> [, <角色>]…
```

用户可以收回角色的权限，从而修改角色拥有的权限。REVOKE 动作的执行者或者是角色的创建者，或者拥有在这个（些）角色上的 ADMIN OPTION。

6.2.6　权限管理

用户若要进行任何涉及更改数据库定义或访问更新数据的活动，必须先拥有相应的权限。在 SQL Server 中，权限分为三类：对象权限、语句权限和隐含权限。

1. 权限的分类

（1）对象权限。对象权限是指用户对数据库中表、视图、存储过程等对象的操作权限，相当于数据库操作语言的语句权限，如是否允许查询、添加、删除和修改数据等。

对象权限的具体内容包括以下三个方面：

① 对于表和视图，是否允许执行 SELECT、INSERT、UPDATE 以及 DELETE 语句。

② 对于表和视图的字段，是否允许执行 SELECT、UPDATE 语句。

③ 对于存储过程，是否可以执行 EXECUTE 语句。

（2）语句权限。语句权限相当于数据定义语言的语句权限，这种权限指的是是否允许执行下列语句：CREATE TABLE、CREATE DEFAULT、CREATE PROCEDURE、CREATE RULE、CREATE VIEW BACKUP DATABASE、BACKUP LOG。

（3）隐含权限。隐含权限是指由 SQL Server 2016 预定义的服务器角色、数据库所有者"dbo"和数据库对象所有者所拥有的权限，隐含权限相当丁内置权限，并不需要明确地授予这些权限。例如，服务器角色"sysadmin"的成员可以在整个服务器范围内进行任何操作，数据库所有者"dbo"可以对本数据库进行任何操作。

2. 权限的管理

在上面介绍的三种权限中，隐含权限是由系统预定义的，这类权限是不需要也不能够进行设置的。因此，权限的设置实际上就是指对对象权限和语句权限的设置。权限可以由数据库所有者和角色进行管理。权限管理包括以下三方面内容：

（1）授予权限。即允许某个用户或角色对一个对象执行某种操作或某种语句。

（2）拒绝访问。即拒绝某个用户或角色访问某个对象。即使该用户或角色被授予这种权限，或者由于继承而获得这种权限，仍然不允许执行相应的操作。

（3）取消权限。即不允许某个用户或角色对一个对象执行某种操作或某条语句。不允许与拒绝是不同的，不允许执行某操作时，可以通过加入角色来获得允许权；而拒绝执行某操作时，就无法再通过角色来获得允许权了。

如果用户分属于不同的角色，他拥有的权限是各个角色的并集，但对某一权限有一个是拒绝的，则用户的该权限就是拒绝的。在权限管理中遵循拒绝优先的原则，即三种权限冲突时，拒绝访问权限起作用。

3. 权限的授予与回收

（1）GRANT。GRANT 语句的一般格式为：

```
GRANT <权限> [, <权限> ]...
ON <对象类型> <对象名> [, <对象类型> <对象名>]...
TO <用户> [, <用户>]...
[WITH GRANT OPTION]
```

如果指定了WITH GRANT OPTION子句，则获得某种权限的用户还可以把这种权限再授予其他用户。如果没有指定WITH GRANT OPTION子句，则获得某种权限的用户只能使用该权限，不能传播该权限。

（2）REVOKE。授予用户的权限可以由数据库管理员或其他授权者用REVOKE语句收回，REVOKE语句的一般格式为：

```
REVOKE <权限> [, <权限>]…
ON <对象类型> <对象名> [, <对象类型><对象名>]…
FROM <用户> [, <用户>]…[CASCADE|RESRICTE]
```

6.3 实 验 内 容

6.3.1 账户管理实验

1. 账户的创建

利用SSMS创建SQL Server账户"login_u1"，密码为"123456"。具体操作步骤如下：

（1）在"对象资源管理器"窗格中，依次展开"服务器实例"→"安全性"→"登录名"。

（2）右击"登录名"，在弹出的快捷菜单中选择"新建登录名"命令，在打开的"登录名-新建"窗口中选择"SQL Server"身份验证，输入正确的登录名和密码，单击"确定"按钮，如图6-8所示，完成SQL Server账户"login_u1"的新建。

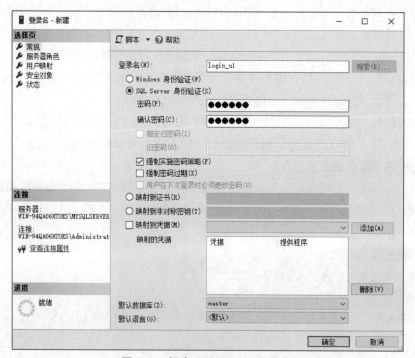

图6-8 新建SQL Server登录名

（3）刷新“安全性”→“登录名”结点，即可看到刚刚创建的新 SQL Server 登录账户。

（4）登录名创建成功后，就可以使用新建的登录名“login_u1”以 SQL Server 的身份登录
到数据库服务器，如图 6-9 所示。

图 6-9　用新登录名连接数据库服务器

2. 设置账户

利用 SSMS 修改登录账户“login_u1”，将其默认数据库修改为“Tours”，默认语言修改为
简体中文。

（1）在“对象资源管理器”窗格中，依次展开“服务器实例”→“安全性”→“登录名”。

（2）右击“login_u1”，在弹出的快捷菜单中选择“属性”命令，打开“登录名-新建”窗
口。也可以双击“login_u1”账户打开“登录名-新建”窗口。

（3）在“登录名-新建”窗口中设置“login_u1”账户登录时新的默认数据库为“Tours”，
设置新的语言为“简体中文”，单击“确定”按钮，完成登录账户的修改，如图 6-10 所示。

图 6-10　“登录名 – 新建”窗口

3. 账户的删除

利用SSMS删除登录账户"login_u1"。具体操作步骤如下：

（1）在"对象资源管理器"窗格中，依次展开"服务器实例"→"安全"→"登录名"。

（2）右击"login_u1"，在弹出的快捷菜单中选择"删除"命令，打开"删除对象"窗口，单击"确定"按钮，完成登录账户的删除，如图6-11所示。

图6-11 "删除对象"窗口

6.3.2　用户管理实验

1. 创建数据库的用户

（1）在SSMS中，依次展开"对象资源管理器"→"数据库"文件夹，再展开要管理的数据库"Tours"文件夹，然后再依次展开"安全性"→"用户"文件夹，并右击"用户"文件夹，在弹出的快捷菜单中选择"新建用户"命令，打开"数据库用户–新建"窗口。

（2）在"数据库用户–新建"窗口中，新建用户"u1"，并指定该用户对应的登录账户名为"login_u1"，可以单击"登录名"查询按钮查找SQL服务器上有效的登录名。同时在"默认架构"列表框中选择新建用户应该属于的数据库架构"dbo"，如图6-12所示。

（3）设置完毕后，单击"确定"按钮，即可在"Tours"数据库中创建一个新的用户账号"u1"。

2. 修改数据库的用户

在数据库中建立一个数据库用户账号时，要为该用户设置某种权限，可以通过为它指定适当的数据库角色来实现。修改所设置的权限时，只需要修改该账号所属的数据库角色即可。

（1）在SQL Server Management Studio中，依次展开"SQL服务器"→"数据库"→"Tours"→"安全性"→"用户"文件夹，并选中"用户"文件夹。

（2）在详细信息窗口中单击要修改的用户账号"u1"，并选择"属性"命令。

（3）当出现"数据库用户u1"窗口时，在"常规"选择页中可以重新选择用户账号所属的数据库架构，也可以修改数据库角色成员身份，这与图6-12新建用户相似。

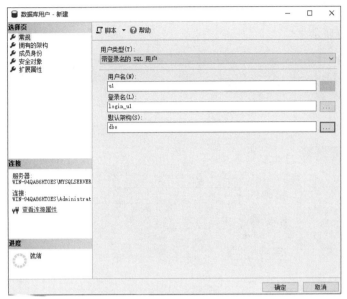

图 6-12　新建 SQL Server 用户

3. 删除数据库的用户

删除数据库用户步骤与修改数据库用户步骤相似，只是在弹出的右键快捷菜单中选择"删除"命令，然后继续后续操作即可。

按照上述方法分别创建用户"u1""u2""u3""u4""u5""u6""u7"，为了方便实验的验证，可分别为这几个用户创建登录名"login_u1""login_u2""login_u3""login_u4""login_u5""login_u6""login_u7"，如图6-13所示。

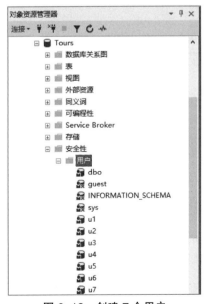

图 6-13　创建 7 个用户

6.3.3 权限管理实验

（1）把查询Route表的权限授予用户"u1"，命令如下，执行完该命令后，双击用户"u1"，权限授予如图6-14所示。

```
GRANT SELECT
ON Route
TO u1
```

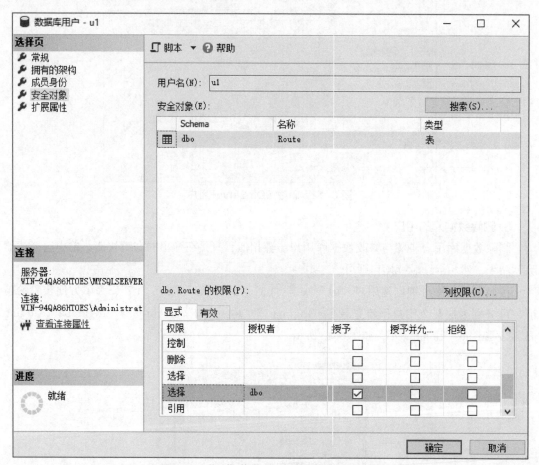

图6-14 "u1"获得对Route表的查询权限

（2）把对Route表的全部操作权限授予用户"u2"和"u3"，命令如下：

```
GRANT ALL PRIVILEGES
ON Route
TO u2, u3
```

该命令执行后，可以从Route表的属性选项卡中查看权限，如图6-15所示。从图中可以看到此时用户"u1""u2""u3"都拥有对Route的某些操作权限，单击相应的用户，则可以查看到该用户拥有的具体操作权限。也可用"u1""u2""u3"分别登录，来验证这几个用户对表Route的操作权限。

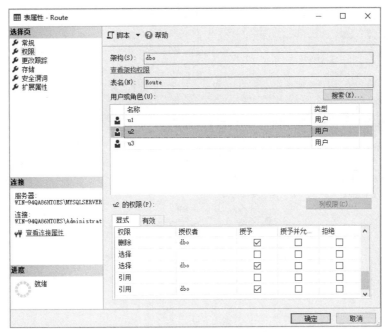

图 6-15　对 Route 表授予的用户权限

（3）把对Plans表的查询权限授予所有用户，命令如下：

```
GRANT SELECT
ON Plans
TO PUBLIC
```

如图6-16所示。

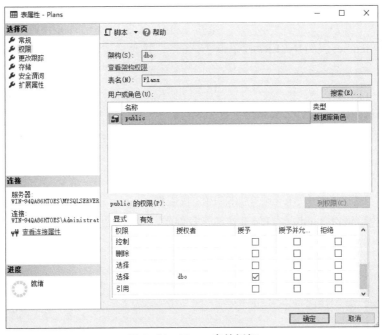

图 6-16　Plans 表的授权

（4）把查询Route表和修改路线编号的权限授予用户"u4"，命令如下：

```
GRANT UPDATE(Rno),SELECT
ON Route
TO u4
```

如图6-17所示。

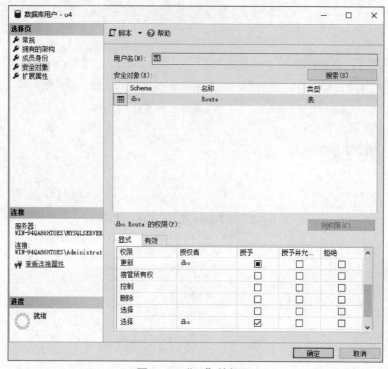

图6-17 "u4"的权限

（5）把对Member表的INSERT权限授予"u5"，并允许"u5"将此权限再授予其他用户，命令如下：

```
GRANT INSERT
ON Member
TO u5
WITH GRANT OPTION
```

如图6-18所示。

（6）用户"u5"将对表Member的INSERT权限授予"u6"，并允许"u6"将此权限再授予其他用户。首先应该以"u5"的身份重新登录数据库，然后再进行授权，命令如下：

```
GRANT INSERT
ON Member
TO u6
WITH GRANT OPTION
```

如图6-19所示。

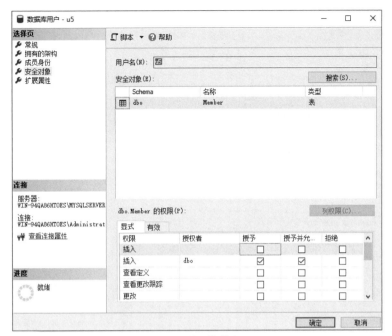

图 6-18 "u5" 的权限

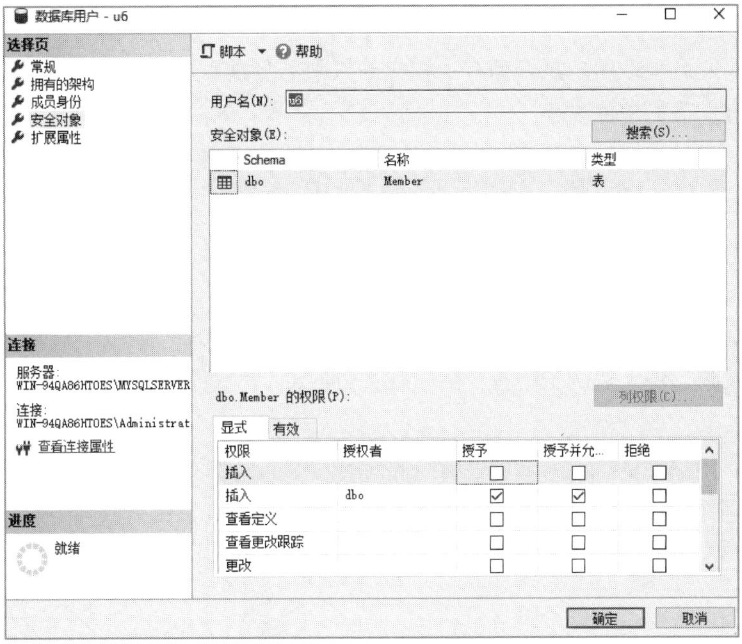

图 6-19 "u6" 的权限

（7）用户 "u6" 将对表 Member 的 INSERT 权限授予 "u7"，首先应该以 "u6" 的身份重新登录数据库，然后再进行授权，如图 6-20 所示。

```
GRANT INSERT
ON Member
TO u7
```

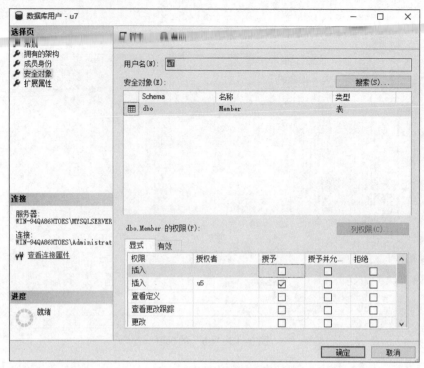

图6-20 "u7"的权限

（8）在授权之后验证用户是否拥有了相应的权限。分别以不同用户的身份登录数据库，进行相关操作，检查系统是否许可。

例如，以"u4"登录，并更新Route表的线路标号"Rno"。

```
UPDATE Route
SET Rno = 'ISN06'
WHERE SNO = 'Rno'
```

显示更新1条记录，即"u4"用户拥有了对Route表的"Rno"的更新权限。

（9）回收权限。将上述例子中授予的权限部分收回，检查回收后，该用户是否真正丧失了对数据的相应权限。

例如，收回用户"u4"对Route表的线路标号"Rno"的更新权限，命令执行后再次查看"u4"的权限，则该用户只具有对Route表的查询权限，而不具备更新权限了。

```
REVOKE UPDATE(Rno)
ON Route
FROM u4
```

（10）收回所有用户对表Plans的查询权限，命令执行后，刚才授予的对Plans表具有查询权限的用户，都将不再拥有此权限。

```
REVOKE SELECT
ON Plans
FROM PUBLIC
```

（11）收回用户"u5"对 Member 表的 INSERT 权限。

```
REVOKE INSERT
ON Member
FROM u5 CASCADE
```

由于"u5"将对 Member 表的 INSERT 操作级联授予了用户"u6"，"u6"又级联授予了用户"u7"，因此将用户"u5"的 INSERT 权限收回的时候必须级联收回，不然系统将拒绝执行该命令。

（12）用户"u3"查询表 Plans，首先用户"u3"重新登录数据库。

```
SELECT *
FROM Plans
```

若执行失败，则说明该用户不拥有此权限。证实用户"u3"丧失了对表 Plans 查询的权限。

（13）用户"u6"向表 Member 中插入一条记录。

```
('M020','李白','男','1990-02-08','1387678765*','广西南宁')
INSERT INTO Member
VALUES('M020','李白','男','1990-02-08','1387678765*','广西南宁')
```

若执行失败，则说明该用户不拥有此权限。证实用户 u6 丧失了从 u5 处获得的对表 Member 插入的权限。

6.3.4　角色管理实验

（1）创建角色"r1"，如图 6-21 所示。

```
CREATE ROLE r1
```

图 6-21　创建角色"r1"

（2）给角色授权，使得角色 r1 拥有对 Member 表的 SELECT、UPDATE、INSERT 权限，如图 6-22 所示。

```
GRANT SELECT,UPDATE,INSERT
ON Member
TO r1
```

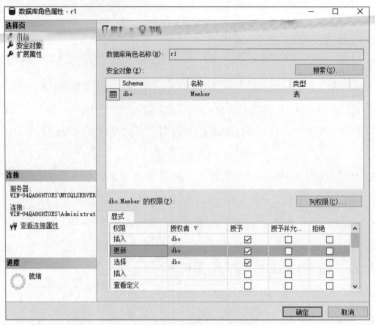

图 6-22　角色"r1"的权限

（3）将用户"u1""u3""u7"添加到角色r1中来。将"u1""u3""u7"添加到角色r1中之后，"u1""u3""u7"就拥有了"r1"拥有的所有权限，即对Member表的SELECT、UPDATE、INSERT的权限，如图6-23所示。

```
EXEC sp_addrolemember'r1','u1'
EXEC sp_addrolemember'r1','u2'
EXEC sp_addrolemember'r1','u3'
```

图 6-23　角色"r1"的角色成员

（4）删除角色"r1"，该命令执行后，该角色将被删除。

```
DROP ROLE r1
```

6.4　实　验　任　务

1. 创建两个 SQL Sever 身份验证的登录，其中一个账户为 Login1，密码为：u123456；另一个账户为 Login2，密码为 u654321。

2. 把登录账户 Login1 重新命名为 Login1Test。

3. 更改登录账户 Login2 的密码为 abc123456。

4. 禁用登录账户 Login2 的登录。

5. 启用登录账户 Login2 的登录。

6. 给登录账户 Login2 赋予 "securityadmin" 角色。

7. 创建 "ENTERPRISE" 数据库用户 User1，其对应的登录账户为 Login1Tes。

8. 创建 "ENTERPRISE" 数据库用户 User2，其对应的登录账户为 Login2Tes。

9. 创建"ENTERPRISE"数据库角色 Role1，使得角色 r1 拥有对 Product 表的 SELECT、UPDATE、INSERT 权限。

10. 给用户 User1 和 User2 都赋予 Role1 角色。

11. 撤销给用户 User1 和 User2 所赋予的所有角色。

12. 删除角色 Role1。

13. 授予用户 User1 可查看除了 Product 数据表以外的其他任何数据表，但不可更改所有数据表中内容的权限。

14. 授予用户 User2 对 Product 数据表的查看和插入数据的权限。

15. 撤销用户 User1 和 User2 的所有权限。

16. 删除用户 User1、User2。

17. 删除登录账户 Login1Test 和 Login2。

6.5　思　考　题

1. 数据库安全性和计算机系统的安全性有什么关系？

2. 什么是数据库中的自主存取控制方法和强制存取控制方法？

3. 简述实现数据库安全性控制的常用方法和技术。

4. 试列举常见的数据库安全问题。

第7章

数据库完整性约束

7.1 实 验 目 的

1. 理解数据库完整性约束的概念。
2. 掌握完整性约束的实现方法。
3. 了解违反完整性约束的处理机制。
4. 熟悉触发器的设置和修改。

7.2 知 识 要 点

数据库完整性约束是指在数据库中保证数据在逻辑上一致性、正确性、有效性和相容性的约束机制。用完整性约束来保证数据库数据的完整性，因此数据库完整性设计就是数据库完整性约束的设计。数据库完整性约束可以通过 DBMS 或应用程序来实现，基于 DBMS 的完整性约束作为模式的一部分存入数据库中。数据的完整性约束可以消除数据库中数据的歧义，防止数据库中存在不正确的数据。

7.2.1 数据库完整性约束

完整性约束条件又称完整性规则，是数据库中数据必须满足的语义约束条件。它表达了给定的数据模型中数据及其联系所具有的制约和依存规则，用以限定符合数据模型的数据库状态以及状态的变化，以保证数据的正确、有效和相容。SQL Server 使用了一系列概念来描述完整性，包括关系模型的实体完整性、参照完整性和用户定义完整性。这些完整性一般由 SQL 的数据定义语句来实现，它们作为数据库模式的部分存入数据字典中。数据库通过约束机制来保证和检查数据的完整性，对不符合约束机制的数据进行违约处理。

1. 实体完整性

实体完整性是对关系中的记录唯一性的约束，也就是说规定表中的每一行在表中是唯一的实体。主码的设置保证了记录的不重复性，可将每一实体在数据集中区分开来。实体完整性要求主属性不能取空值。例如，Member 表中的 Mno 为主码，则 Mno 既不能为空，也不能重复。

创建表时定义列级实体完整性，其有效格式为：

```
CREATE TABLE <表名>(
```

```
    <约束字段>数据类型 PRIMARY KEY,
    …
    …
)
```

创建表时定义表级实体完整性，其有效格式为：

```
CREATE TABLE <表名>(
    <约束字段>数据类型,
    …
    …
    PRIMARY KEY(约束字段)
)
```

定义表后定义实体完整性，可通过下列 SQL 语句在原表上添加主码约束。

```
ALTER TABLE <表名>
ADD CONSTRAINT <约束名称>PRIMARY KEY (约束字段)
GO
```

主码由多个属性组成时，定义实体完整性，其有效格式为：

```
CREATE TABLE <表名>(
    <约束字段>数据类型,
    …
    …
    PRIMARY KEY(约束字段1,约束字段2,…)
)
```

删除实体完整性：

```
ALTER TABLE 表名
DROP CONSTRAINT 约束名称
```

2. 参照完整性

参照完整性又称"引用完整性"，是对关系数据库中建立关联关系的数据表间数据参照引用的约束，也就是对外键的约束。准确地说，参照完整性是指关系中的外键必须是另一个关系的主键有效值，或者是空值。参照完整性维护表间数据的有效性、完整性，通常通过建立外部键联系另一表的主键实现，还可以用触发器来维护参照完整性。

创建表时定义参照完整性，其有效格式为：

```
CREATE TABLE <表名>(
    <字段>数据类型 PRIMARY KEY,
    <约束字段>数据类型,
    …
    FOREIGN KEY (约束字段) REFERENCES 参照表(参照字段)
)
```

定义表后定义实体参照完整性，可通过下列 SQL 语句在原表上添加外码约束。

```
ALTER TABLE <表名>
ADD CONSTRAINT <约束名称>
FOREIGN KEY (约束字段) REFERENCES 参照表(参照字段)
```

删除参照完整性：

```
ALTER TABLE 表名
DROP CONSTRAINT 约束名称
```

3. 用户定义的完整性

域完整性是对数据表中字段属性的约束，通常指数据的有效性，它包括字段的值域、字段的类型及字段的有效规则等约束，它是由确定关系结构时所定义的字段的属性决定的。SQL Server 支持的用户自定义完整性主要有 NOT NULL（不为空）、UNIQUE（唯一）、CHECK（检查是否在某一范围之内）。

（1）非空约束。创建表时定义参照完整性，其有效格式为：

```
CREATE TABLE <表名>(
    <字段>数据类型 PRIMARY KEY,
    <约束字段>数据类型 NOT NULL,
    …
)
```

定义表后定义实体参照完整性，可通过下列 SQL 语句在原表上添加外码约束。

```
ALTER TABLE <表名>
ADD CONSTRAINT <约束名称>(约束字段) NOT NULL
```

删除非空约束：

```
ALTER TABLE 表名
DROP CONSTRAINT 约束名称
```

（2）唯一键约束。创建表时定义唯一键约束，其有效格式为：

```
CREATE TABLE <表名>(
    <字段>数据类型 PRIMARY KEY,
    <约束字段>数据类型 UNIQUE,
    …
)
```

定义表后定义实体唯一键约束，可通过下列 SQL 语句在原表上添加外码约束。

```
ALTER TABLE <表名>
ADD CONSTRAINT <约束名称>(约束字段) UNIQUE
```

删除非空约束：

```
ALTER TABLE 表名
DROP CONSTRAINT 约束名称
```

（3）CHECK约束。创建表时定义CHECK约束，其有效格式为：

```
CREATE TABLE <表名>(
    <字段>数据类型PRIMARY KEY,
    <约束字段>数据类型 CHECK(约束字段需满足的条件),
    …
)
```

定义表后定义CHECK约束，可通过下列SQL语句在原表上添加。

```
ALTER TABLE <表名>
ADD CONSTRAINT<约束名称> CHECK(约束字段需满足的条件)
```

删除非空约束：

```
ALTER TABLE 表名
DROP CONSTRAINT 约束名称
```

7.2.2　SQL Server完整性检查和违约机制

1. 完整性检查机制

数据库管理系统中检查数据是否满足完整性约束条件的机制称为完整性检查。一般在INSERT、UPDATE、DELETE语句执行后开始检查，也可以在事务提交时检查。检查这些操作执行后数据库中的数据是否违背了完整性约束条件。

2. 违约处理机制

数据库管理系统若发现用户的操作违背了完整性约束条件将采取一定的动作，如拒绝（NO ACTION）执行该操作或级联（CASCADE）执行其他操作，进行违约处理以保证数据的完整性。

7.2.3　触发器

1. 触发器的概念

触发器又称事件-条件-动作规则。当特定的系统事件（如对一个表的增加、删除、修改操作，事物的结束等）发生时对规则的条件进行检查，如果条件成立，则执行规则中的动作，否则不执行该动作。触发器在插入、删除或修改特定表中的数据时触发执行，它比数据库本身标准的功能有更精细和更复杂的数据控制能力。一旦定义，任何用户对表的增加、删除、修改操作均由服务器自动激活相应的触发器。

2. 触发器的优点

（1）触发器是自动的。它们在对表的数据作了任何修改之后立即被激活。

（2）触发器可以调用一个或者多个存储过程，甚至可以通过调用外部过程来实现复杂的数据库操作。

（3）触发器能够对数据库中的相关表进行级联更改。触发器是基于一个表创建的，但是可以针对多个表进行操作，实现数据库中相关表的级联更改。

（4）触发器可以实现比CHECK约束更为复杂的数据完整性约束。CHECK约束不允许应用其他表中的列来完成检查工作，而触发器可以引用其他表中的列。触发器更适合在大型数据库管理系统中约束数据的完整性。

（5）触发器可以检测数据库内的操作，从而取消了数据库未经许可的更新操作，使数据库的修改、更新操作更安全，数据库的运行也更稳定。

3. 触发器的类型

（1）DML触发器：是指触发器在数据库中发生数据操纵语言（DML）事件时将启用。DML事件即指在表或视图中修改数据的INSERT、UPDATE、DELETE语句。DML触发器可以用于强制业务规则和数据完整性等，如果检测到错误，则整个事务自动回滚。

（2）DDL触发器：是指当服务器或数据库中发生数据定义语言（DDL）事件时将启用。DDL事件即指在表或索引中的CREATE、ALTER、DROP、GRANT、REVOKE、DENY等语句，执行DDL时操作的存储过程也可以激发DDL触发器。

（3）登录触发器：指当用户登录SQL Server实例建立会话时触发。登录触发器将在登录的身份验证阶段完成之后且用户会话实际建立之前激发。因此，来自触发器内部且通常将到达用户的所有消息会传送到SQL Server错误日志。如果身份验证失败，将不激发登录触发器。

4. 触发器管理和操作

（1）创建触发器。创建触发器的一般格式如下：

```
CREATE TRIGGER <触发器名>
{BEFORE | AFTER} <触发事件> ON <表名>
REFERENCING NEW|OLD ROW AS <变量>
FOR EACH {ROW | STATEMENT}
[WHEN <触发条件>] <触发动作体>
```

注意：

① 只有表才支持触发器，视图和临时表都不支持触发器。

② 触发器不能更新和覆盖，如果想更新一个触发器必须先删除，再创建。

③ 单一触发器不能与多个操作相关。

（2）修改触发器。修改触发器的一般格式如下：

```
ALTER TRIGGER <触发器名>
{BEFORE | AFTER} <触发事件> ON <表名>
REFERENCING NEW|OLD ROW AS <变量>
FOR EACH {ROW | STATEMENT}
[WHEN <触发条件>] <触发动作体>
```

修改触发器只需在创建触发器的语法格式中，将CREATE改为ALTER即可。

（3）删除触发器。删除触发器的一般格式如下：

```
DROP TRIGGER <触发器名> ON <表名>
```

所要删除的触发器必须是一个已经创建的触发器，并且只能由具有相应权限的用户删除。

7.3 实 验 内 容

7.3.1 主键设置实验

1. 使用SSMS设置主键

创建Member表时设置Mno字段为主键，下面介绍使用对象资源管理器创建主键约束的操作步骤：

（1）在"对象资源管理器"窗格中选择"服务器"→"数据库"→"Tours"→"表"节点。右击Member表，在弹出的快捷菜单中选择"设计"命令，如图7-1所示。

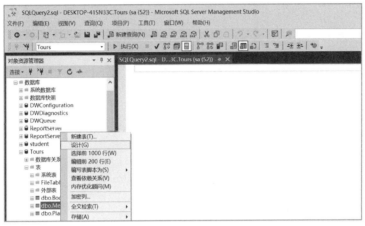

图 7-1 选择"设计"命令

（2）在"表设计器"窗口中，选择需设为主键的字段，如果需要选择多个字段，可按住【Ctrl】键后选择其他字段。

（3）右击Mno字段，在弹出的快捷菜单中选择"设置主键"命令，如图7-2所示，或单击工具栏中的"设置主键"按钮。

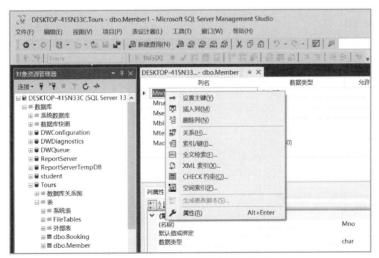

图 7-2 选择"设置主键"命令

（4）执行完命令后，在该字段前面会出现钥匙图标，说明主键设置成功，如图7-3所示。

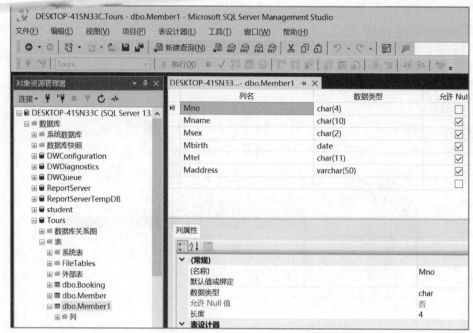

图7-3　设置 Member 表的主键

2. 使用SQL语句设置主键

创建Plans表时将"Pno"设置为主键，其列表级约束的SQL语句如下所示。

```
CREATE TABLE Plans(
    Pno CHAR(6),
    Rno CHAR(5) REFERENCES Route(Rno),
    Pstart DATE,
    Pdiscount REAL,
    Cpno CHAR(4),
    Ptop SMALLINT,
    PRIMARY KEY (Pno)
)
```

在创建Plans表后将"Pno"设置为主键，其SQL语句如下所示。

```
ALTER TABLE Plans
ADD CONSTRAINT PK_Plans
PRIMARY KEY(Pno)
```

在"对象资源管理器"窗格中可以看到创建好的主键效果，如图7-4所示。

3. 检查Plans表的违约机制

用INSERT语句检查Plans表中主码Pno违约机制，主要有唯一键约束和非空约束。

图7-5所示为违反了主键的唯一性约束后出现的违约处理方式；图7-6所示为违反了主键的非空约束后出现的违约处理方式。

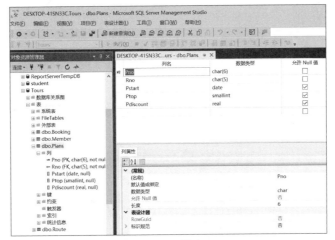

图 7-4　设置主码

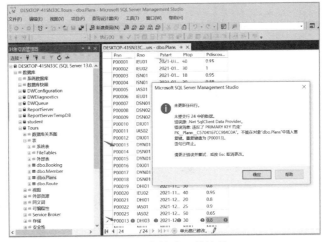

图 7-5　主键唯一性违约

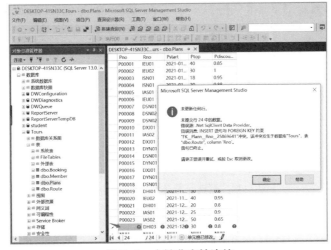

图 7-6　主键非空性违约

7.3.2 外键设置实验

1. 使用SSMS设置参照完整性

设置Booking表中的Mno字段，参照Member的Mno字段，Booking表中的Pno字段参照Plans的Pno字段。

（1）在"对象资源管理器"窗格中，选择"Tours"库中新建的关系图，选择Booking表、Member表和Plans表，如图7-7所示。

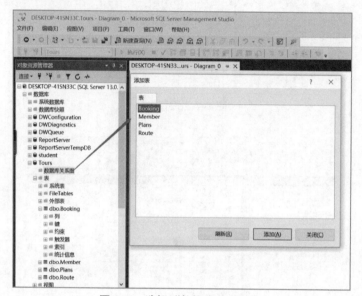

图7-7 选择"数据库关系图"

（2）选择Booking表、Member表和Plans表后分别单击"添加"按钮后关闭对话框，结果如图7-8所示，界面显示三张表。

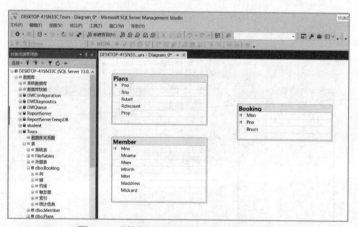

图7-8 "数据库关系图"表显示对话框

（3）拖动Booking表上的Mno到表Member上的Mno，出现图7-9和图7-10所示界面，单击"确定"按钮后，建成Booking表上的Mno参照Member表上的Mno的外键约束。同理，构建Booking表上的Pno参照Member、Plans表上的Pno的外键约束，整体结果如图7-11所示。

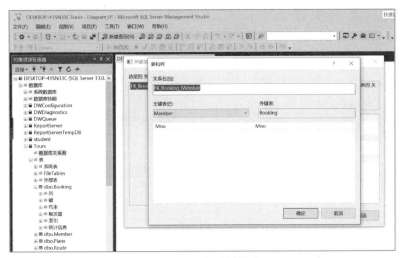

图 7-9　添加外键约束

图 7-10　外键约束属性

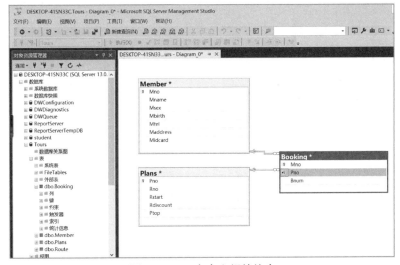

图 7-11　三个表之间的约束

2. 使用 SQL 语句设置外键

创建 Booking 时将 Plans 表中的 Pno 设置为主外键，将 Member 表中的 Mno 设置为外键，其表级约束的 SQL 语句如下所示。

```
CREATE TABLE Booking(
    Mno CHAR(4),
    Pno CHAR(6),
    PRIMARY KEY(Mno,Pno),
    Bnum SMALLINT,
    FOREIGN KEY (Pno) REFERENCES Plans(Pno),
    FOREIGN KEY (Mno) REFERENCES Member(Mno)
)
```

在创建 Booking 表后将表中的 Pno 设置为外键，将表中的 Mno 设置为外键，其表级约束的 SQL 语句如下所示。

```
ALTER TABLE Booking
ADD CONSTRAINT FK_Booking
FOREIGN KEY (Pno) REFERENCES Plans(Pno),
FOREIGN KEY (Mno) REFERENCES Member(Mno)
```

3. 检查外键的违约机制

用 INSERT 语句检查 Booking 表中主码 Pno 的违约机制，图 7-12 所示为当在 Booking 表中插入语句时，Pno 字段不属于 Plans 表中的 Pno 字段，违反了外键参照性后出现的违约处理方式，图 7-13 所示为当删除 Plans 表中的记录时，出现的违约处理方式，违反了外键的非空键参照性约束后出现的违约处理方式。

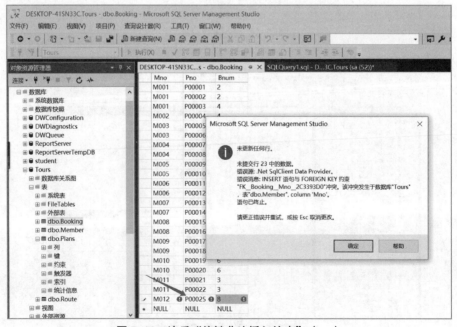

图 7-12　违反"外键非法插入约束"（一）

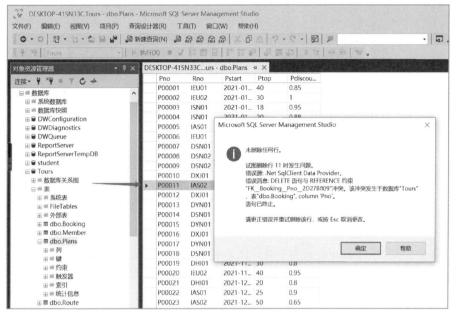

图 7-13 违反"外键非法删除约束"（二）

7.3.3 非空值约束设置

1. 使用SSMS设置参照完整性非空值约束

使用SSMS设置参照完整性非空值约束，设置成员表Member，要求Mname不能取空值。

（1）在"对象资源管理器"窗格中展开"数据库"节点，选择"Tours"数据库。

（2）在"对象资源管理器"窗格中，右击Member表，在弹出的快捷菜单中选择"设计"命令，打开"表设计器"窗口，如图7-14所示。

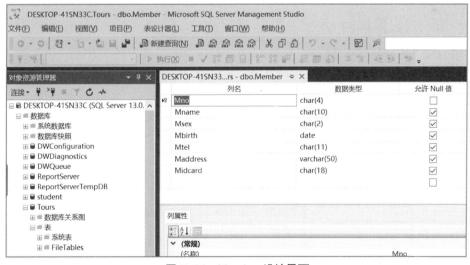

图 7-14 Member 设计界面

（3）在Mname字段后面的"允许Null值"栏中，去掉对号，设置完成，如图7-15所示。

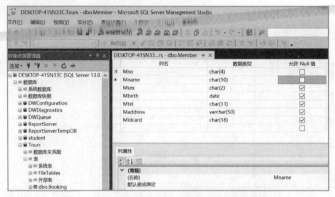

图 7-15　Member 表 Mname 非空值约束

2. 使用SQL语句设置外键

创建 Member 时将 Mname 设置为非空约束，SQL 语句如下所示。

```
CREATE TABLE Member(
    Mno CHAR(4) PRIMARY KEY,
    Mname CHAR(10) NOT NULL,
    Msex CHAR(2),
    Mbirth DATE,
    Mtel CHAR(11),
    Maddress VARCHAR(50),
    Midcard CHAR(18) NOT NULL
)
```

创建 Member 后将 Mname 设置为非空约束，SQL 语句如下所示。

```
ALTER TABLE Member
ADD CONSTRAINT C1 Mname NOT NULL
```

7.3.4　唯一性设置实验

1. 使用SSMS设置唯一键约束

使用SSMS设置唯一键约束，建立路线表Route，要求线路名称Rname列设置唯一键约束。

（1）在"对象资源管理器"窗格中展开"数据库"节点，选择"Tours"数据库。

（2）在"对象资源管理器"窗格中，右击"Route"表，在弹出的快捷菜单中选"设计"命令，打开"表设计器"窗口，如图7-16所示。

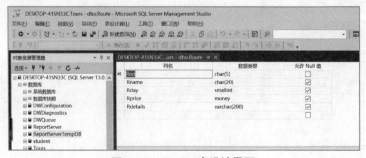

图 7-16　Route 表设计界面

（3）进入表设计器界面，单击工具栏的"管理索引和键"按钮，或者在右键快捷菜单中选择"索引/键"命令，如图7-17所示。

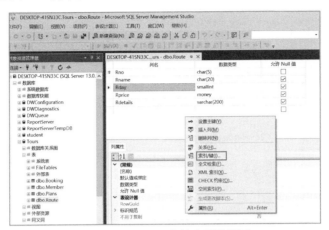

图 7-17　Route 表的索引键界面

（4）进入"索引/键"对话框，单击"添加"按钮，如图7-18所示。

图 7-18　为 Route 表添加索引键属性界面

（5）单击"类型"，在下拉列表框中选择"唯一键"选项，如图7-19所示。

图 7-19　为 Route 表添加唯一键设置界面

（6）单击"列"，单击右侧的"…"按钮，进入"索引列"对话框，选择Rname列，如图7-20所示。

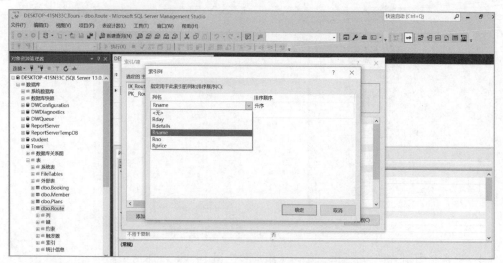

图7-20　为 Route 表添加唯一键选择界面

（7）单击"确定"按钮，或者按【Ctrl+F5】组合键进行保存。展开数据表，展开"键"，可以看到定义的唯一约束"IX_Route"，如图7-21所示。

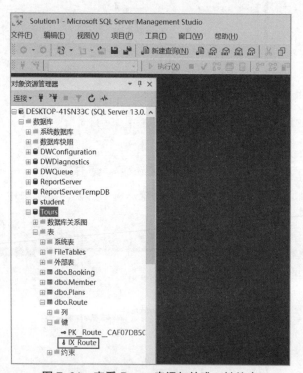

图7-21　查看 Route 表添加的唯一键约束

2. 使用SQL语句设置外键

创建Route表时将Rname设置为非空约束，SQL语句如下所示。

```
CREATE TABLE Route(
    Rno CHAR(5) PRIMARY KEY,
    Rname CHAR(20) NOT NULL,
    Rday SMALLINT,
    Rprice MONEY,
    Rdetails VARCHAR(200)
)
```

创建 Route 表后将 Rname 设置为非空约束，SQL 语句如下所示。

```
ALTER TABLE Route
ADD CONSTRAINT IX_Route UNIQUE(Rname)
```

创建 Route 表后将 Rname 列取值设置成非空且唯一，SQL 语句如下所示。

```
ALTER TABLE Route
ADD CONSTRAINT C2 CHECK (Rname IS NOT NULL)
ALTER TABLE Route
ADD CONSTRAINT C3 ADD UNIQUE(Rname)
```

7.3.5　CHECK 约束实验

1. 使用 SSMS 设置 CHECK 约束

使用 SSMS 设置 CHECK 约束，Member 表中"Msex"字段的取值限定为"男"或"女"。

（1）在"对象资源管理器"窗格中展开"数据库"节点，选择"Tours"数据库。

（2）在"对象资源管理器"窗格中，右击"Member"表，在弹出的快捷菜单中选择"设计"命令，打开"表设计器"窗口。

（3）在"表设计器"窗口中，右击"Msex"字段，在弹出的快捷菜单中选择"CHECK 约束"命令，如图 7-22 所示，弹出"CHECK 约束"对话框。

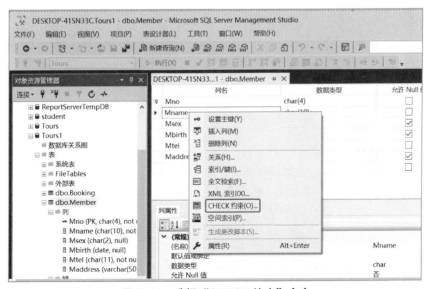

图 7-22　选择"CHECK 约束"命令

（4）在"CHECK约束"对话框中，单击"添加"按钮，在名称框中输入约束名称"CK_Member_Msex"，在约束表达式中输入约束条件，输入([Msex] ='男' OR [Msex]= '女')，如图7-23所示。

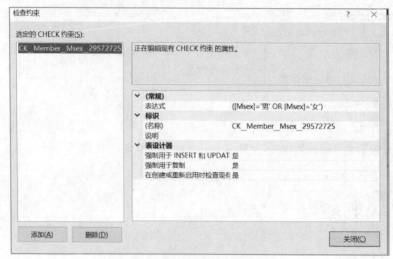

图 7-23　设置 CHECK 约束

（5）单击"关闭"按钮关闭对话框，完成检查约束的创建。

2. 使用SQL语句设置CHECK约束

（1）创建Member表时，Msex字段取值只能为"男"或者"女"，其SQL语句如下所示。

```
CREATE TABLE Member(
    Mno CHAR(4) PRIMARY KEY,
    Mname CHAR(10),
    Msex CHAR(2) CHECK(Msex='男' OR Msex='女'),
    Mbirth DATE,
    Mtel CHAR(11),
    Maddress VARCHAR(50),
    Midcard CHAR(18)
)
```

（2）创建Member表后增加Msex字段，取值只能为"男"或者"女"，SQL语句如下所示。

```
ALTER TABLE Member
ADD CONSTRAINT C4 CHECK (Msex='男' OR Msex='女')
```

（3）将Plans表中Pdiscount取值设置为0到1之间。

```
ALTER TABLE Plans
ADD CONSTRAINT CK_Plann_Pdiscount
CHECK (Pdiscount>= 0 AND Pdiscount<= 1)
```

（4）将Member表中Mtel字段设置为只能是数字。

```
ALTER TABLE Member
```

```
ADD CONSTRAINT CK_Mtel_Format
CHECK (Mtel LIKE '[0-9][0-9][0-9][0-9][0-9] [0-9][0-9][0-9][0-9] [0-9] [0-9]')
```

（5）设置 Member 表 Midcard 字段完整性约束，要求：身份证号码为 18 位，其中，7~14 为出生日期，最后一位为数字或者校验位"X"。

```
ALTER TABLE Member
ADD CONSTRAINT CK_Midcard_Format
CHECK(Midcard LIKE '[0-9][0-9][0-9][0-9][0-9][0-9][1-2][0-9][0-9][0-9]
[0-1][0-9][0-3][0-9][0-9][0-9][0-9][0-9Xx]'
)
```

7.3.6 创建触发器

1. 使用 SSMS 创建触发器

在 Booking 表上创建 Bo_insert 触发器，当向 Booking 表中添加会员的报团记录时，检查该会员的 Mno 是否存在。若不存在，则不能将记录插入。

（1）在"对象资源管理器"窗格中，选择"服务器实例"→"Tours 数据库"→"表"→触发器所在的表→"触发器"，右击"数据库触发器"结点，在弹出的快捷菜单中选择"新建数据库触发器"命令，如图 7-24 所示。

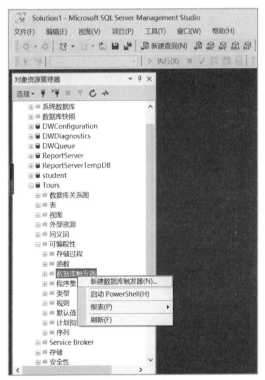

图 7-24　选择"新建数据库触发器"命令

（2）在"查询设计器"中出现 DML 触发器的编程模板，如图 7-25 所示，在此模板基础上编写创建 DML 触发器的 SQL 代码。

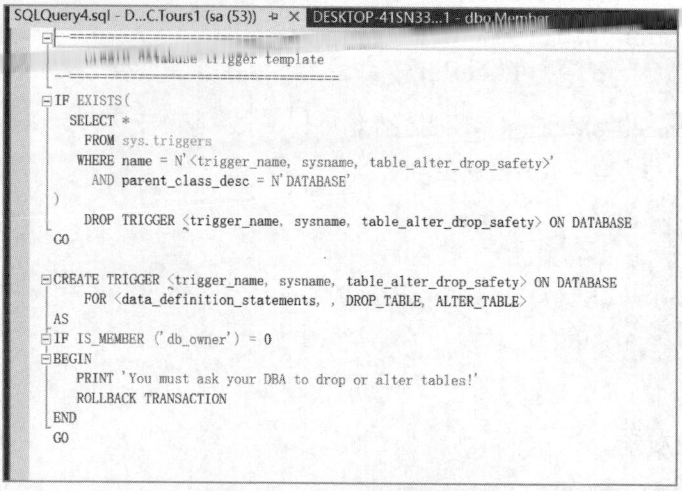

图 7-25　触发器 SQL 代码

（3）单击"执行"按钮，运行成功后，在"对象资源管理器"窗格中刷新"触发器"结点，即可看到新建的 DML 触发器。

2. 使用 SQL 语句创建触发器

（1）表 Plans 包括线路计划编号 Pno，线路编号 Rno，开始时间 Pstart，折扣 Pdiscount 和线路计划人数上限 Ptop 字段。在 Booking 上创建 INSERT 触发器 Bo_Insert，要求在 Booking 表中插入记录时（要求每次只能插入一条记录），这个触发器都将判断 Bnum 是否超过 Ptop 的值。

```
CREATE TRIGGER Bo_Insert
ON Booking
FOR INSERT
AS
  UPDATE Deparment
          SET Bnum=Bnum + 1
          WHERE Bnum<=(SELECT Ptop
                          FROM Plans)
```

（2）为 Booking 表创建一个基于 UPDATE 操作和 DELETE 操作的复合型触发器，当修改了该表中的 Bnum 信息时，触发器被激活生效，显示相关的操作信息。

```
CREATE TRIGGER Tri_Booking
ON Booking
FOR UPDATE,DELETE
AS

  IF UPDATE(Bnum)
  BEGIN
      SELECT INSERTED.Mno, DELETED.Bnum AS 原数量,
      INSERTED. Bnum AS 新数量
      FROM DELETED,INSERTED
      WHERE DELETED.Mno=INSERTED.Mno
```

```
    END
    ELSE IF COLUMNS_UPDATED( )=0
    BEGIN
        SELECT 被删除的成员编号 = DELETED.Mno,
        DELETED. Bnum AS 原数量
        FROM DELETED
    END
    ELSE
  PRINT '更新了非数量列！'
GO
```

结果如图7-26所示。

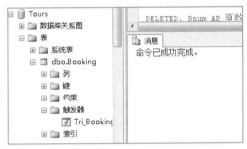

图 7-26　创建触发器 Tri_Booking

（3）创建 DDL 触发器，在当前数据库中不允许删除或修改表。

```
CREATE TRIGGER Tri_Drop_Alter
ON DATABASE
FOR DROP_TABLE, ALTER_TABLE
AS
  PRINT '不允许删除或修改表'
  ROLLBACK
```

3. 测试触发器

（1）在查询编辑器中输入下列 UPDATE Booking 语句，修改成绩列，判断是否激活触发器。

```
Tri_Booking
UPDATE Booking
SET Bnum=Bnum-5
WHERE Pno='P00010'
```

结果如图7-27所示，从图中可以看出激活了触发器，显示出 Mno 的新数量和原数量。

图 7-27　UPDATE 操作激活 Booking 表上的触发器更新数据

（2）在查询命令窗口中输入以下 UPDATE Booking 语句，修改非成绩列，判断是否激活触发器 Tri_Booking。

```
UPDATE Booking
SET Pno='P00001'
WHERE Pno='P00001'
```

结果如图7-28所示，成功激活了Tri_Booking触发器，在执行后给出了响应。

图 7-28　UPDATE 操作激活 Booking 表上的触发器修改 Pno

（3）在查询命令窗口中输入以下DELETE Booking 语句，删除成绩记录，激活触发器，如图7-29所示。

```
DELETE Booking
WHERE Pno='P00002'
```

图 7-29　DELETE 操作激活 Booking 表上的触发器

7.3.7　修改触发器

1. 使用SSMS修改触发器

（1）在"对象资源管理器"窗格中，依次展开"服务器实例"→"Tours数据库"→触发器所在数据库→"表"→"触发器"→需要修改的DML触发器。

（2）右击需要修改的触发器，在弹出的快捷菜单中选择"修改"命令，在"查询设计器"中修改该触发器的代码即可修改触发器，如图7-30所示。

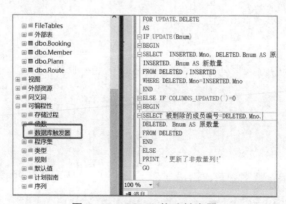

图 7-30　SSMS 修改触发器

2. 用SQL语句修改触发器

修改已经创建的触发器 Tri_Booking，将该触发器的功能更改为：在删除成绩表中的记录时，显示表中有多少条记录被删除。

```
ALTER TRIGGER Tri_Booking
```

```
ON Booking FOR DELETE
AS
BEGIN
  DECLARE @COUNT VARCHAR(30)
  SELECT @COUNT=STR(@@ROWCOUNT)+'个记录被删除'
  PRINT @COUNT
END
```

7.3.8　删除触发器

1. 使用SSMS删除触发器

（1）在"对象资源管理器"窗格中，依次展开"服务器实例"→"Tours 数据库"→触发器所在数据库表→"触发器"→需要删除的DML触发器。

（2）右击需要删除的触发器，在弹出的快捷菜单中选择"删除"命令，如图 7-31 所示，在弹出的"删除对象"对话框中单击"确定"按钮即可删除触发器。

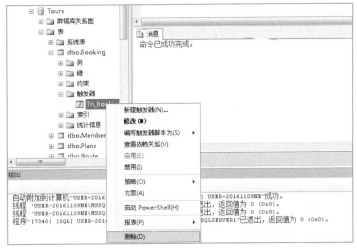

图 7-31　SSMS 删除触发器

2. 使用SQL语句删除触发器

删除名为Tri_Drop_Alter的触发器。

```
DROP TRIGGER Tri_Drop_Alter
```

▎7.4　实 验 任 务

打开已经创建的"ENTERPRISE"数据库，完成以下操作：

1. 建立 Employee、Departments 和 Salary 三个表的主外键约束、唯一约束、取空值约束。

2. 设置 Employee 表的 Sex 字段只能为"男"或"女"。

3. Salary 表的 Income 字段限定在 2000 ~ 20000。

4. 在 Employee 表中编写 INSERT 触发器，假如每个部门的职工不能超过 30 个，如果低于此数，添加可以完成；如果超过此数，则插入将不能实现。

5. 针对 Departments 表，定义触发器用来保证实体完整性，阻止用户修改 Departments 表中的 DepartmentID 列。

6. 针对 Salary 表，定义触发器保证参照完整性 (参照 Employee 表)，不允许向 Salary 表中插入 Employee 表中不存在的职工。

7. 在 Salary 表上编写 UPDATE 触发器，当修改 Salary 表中的 Income 字段时将其修改前后的信息保存在 Salary_log 表中。

▌7.5 思 考 题

1. 什么是数据库的完整性？
2. 数据库的完整性概念与数据库的安全性概念有什么区别和联系？
3. 关系数据库管理系统的完整性控制机制应具有哪三方面的功能？
4. 如果在建立触发器时省略 WHEN 触发条件，则触发动作何时执行？
5. 讨论并写出触发器与约束之间的区别与联系。
6. 记录在实验过程中遇到的问题、解决办法及心得体会。

第8章

数据库编程

8.1 实 验 目 的

1. 熟悉变量和常量的使用方法。
2. 掌握运算符和表达式的使用。
3. 掌握函数的定义和使用方法。
4. 掌握流程控制语句的使用。
5. 掌握存储过程的定义和使用。
6. 掌握游标的定义和使用。

8.2 知 识 要 点

Transact-SQL 简称 T-SQL，是 Microsoft 公司在关系型数据库管理系统 SQL Server 中对 SQL-3 标准的实现，是微软对 SQL 的扩展。T-SQL 具有 SQL 的主要特点，同时增加了变量、运算符、函数、流程控制和注释等语言元素，使其功能更加强大。

8.2.1 T-SQL概述

T-SQL 对 SQL Server 十分重要，在 SQL Server 中，使用图形界面能够完成的所有功能，都可以通过 T-SQL 来实现。用户通过应用程序对数据进行操作时，与 SQL Server 数据库服务器进行通信的所有命令都通过向服务器发送 T-SQL 语句来进行操作，而与应用程序的界面无关。

根据需要完成的具体功能，T-SQL 语句包括 4 部分内容，分别为数据定义语句、数据操纵语句、数据控制语句和一些附加的语言元素。

（1）数据定义语言（DDL）：定义和管理数据库及其对象，例如 CREATE、ALTER 和 DROP 等语句。

（2）数据操纵语言（DML）：操作数据库中各对象，例如 INSERT、UPDATE、DELETE 和 SELECT 语句。

（3）数据控制语言（DCL）：进行安全管理和权限管理等，例如 GRANT、REVOKE、DENY 等语句。

（4）附加的语言元素：T-SQL 的附加语言元素包括变量、运算符、函数、注释和流程控制语句等。

数据定义语言、数据操纵语言和数据控制语言在前面的章节中已介绍,本章重点介绍附加语言元素的实验内容。

8.2.2 T-SQL元素

T-SQL 的语法元素分为以下几种:

1. 对象标识符

对象标识符包括表、视图、列、数据库和服务器等。SQL Server 的标识符有两类:常规标识符和分隔标识符。

常规标识符符合标识符的格式规则,在 T-SQL 语句中使用常规标识符时可以放在双引号("")或者方括号([ ])内分隔,也可以不分隔。例如:

```
SELECT * FROM Route WHERE Rday =7
SELECT * FROM [Route] WHERE "Rday" =7
```

是等价的。

但是,在 T-SOL 语句中,对不符合所有标识符规则的标识符必须进行分隔。例如:

```
SELECT * FROM [Test table] WHERE "Test c1" ='李四'
```

此处,表名 Test table 和列名 Test c1 中间有空格,必须使用分隔符。

2. 数据类型

定义数据对象(如列、变量和参数)所包含的数据类型。大多数 T-SQL 语句并不显式引用数据类型,但是其结果由于语句中所引用的对象数据类型间的互相作用而受到影响。

3. 运算符

T-SQL 所使用的运算符可以分为算术运算符、赋值运算符、位运算符、比较运算符、逻辑运算符、字符串连接运算符和一元运算符 7 种。

1)算术运算符

算术运算符是对两个表达式执行数学运算,这两个表达式可以是精确数字型或近似数字型,其具体功能如表 8-1 所示。

表 8-1 算术运算符

运 算 符	说 明
+	加法运算
-	减法运算
*	乘法运算
/	除法运算,返回商
%	求余运算,返回余数

其中,"+""-"运算符也可以用 DATETIME 和 SMALLDATETIME 值进行算术运算。

2)赋值运算符

T-SQL 中只有一个赋值运算符,即等号(=),赋值运算符的作用是给变量赋值,也可以使用赋值运算符在列标题和定义列值的表达式之间建立关系。

3）位运算符

位运算符是在两个表达式之间按位进行逻辑运算，这两个表达式可以是整数或二进制数据类型，其具体功能如表8-2所示。

表 8-2　位运算符

运　算　符	说　明
&	按位进行逻辑与运算
|	按位进行逻辑或运算
^	按位进行逻辑异或运算

4）比较运算符

比较运算符用于判断两个表达式是否相同，返回TRUE或FALSE的布尔数据类型。除了TEXT、NTEXT和IMAGE数据类型的表达式外，比较运算符可以用于所有表达式，其具体说明如表8-3所示。

表 8-3　比较运算符

运　算　符	说　明
=	等于
>	大于
<	小于
>=	大于或等于
<=	小于或等于
<>	不等于
!=	不等于
!>	不大于
!<	不小于

5）逻辑运算符

逻辑运算符用于对某些条件进行判断，判断其为TRUE或FALSE，与比较运算符一样，返回的是布尔数据类型，其具体说明如表8-4所示。

表 8-4　逻辑运算符

运　算　符	说　明
ALL	如果一组的比较都为TRUE，则返回TRUE
AND	如果两个布尔表达式都为TRUE，则返回TRUE
ANY	如果一组的比较中任何一个为TRUE，则返回TRUE
BETWEEN	如果操作数在该范围内，则返回TRUE
EXISTS	如果子查询不为空，则返回TRUE
IN	如果操作数等于表达式列表中的一个，则返回TRUE
LIKE	如果操作数与一种搜索模式相匹配，则返回TRUE
NOT	对布尔运算取反
OR	如果两个布尔表达式中的一个为TRUE，则返回TRUE
SOME	如果在一组比较中有些为TRUE，则返回TRUE

6）字符串连接运算符

T-SQL中只有一个字符串连接运算符，即加号（＋），例如：'123' + 'a' 结果就是123a。

7）一元运算符

一元运算符只能对一个表达式进行操作，其具体说明如表8-5所示。

表8-5　一元运算符

运　算　符	说　　明
+	数值为正
−	数值为负
~	返回数字的非，即补码

8）运算符的优先级

运算符的优先级具体说明如表8-6所示。

表8-6　运算符的优先级

运算符优先级	说　　明
1	~（位非）
2	*（乘）、/（除）、%（取模）
3	+（正）、−（负）、+（加）、+（连接）、−（减）、&（位与）
4	=、>、<、>=、<=、<>、!=、!>、!<（比较运算符）
5	^（位异或）、|（位或）
6	NOT
7	AND
8	ALL、ANY、BETWEEN、IN、LIKE、OR、SOME
9	=（赋值）

4. 表达式

由运算符连接起来并返回单个值的语法单元、常量、变量或返回值为单值的函数。简单表达式可以是一个常量、变量、列或标量函数。可以用运算符将两个或更多的简单表达式连接起来组成复杂表达式。

5. 函数

与其他编程语言相似，T-SQL中的函数可以有零个或多个参数，并返回一个值或值的集合。在T-SQL中，成功地从表中检索出数据后，一般需要进一步操作这些数据，以获得有用或有意义的结果。如执行计算与数学运算、转换数据、解析数值、组合值和聚合一个范围内的值等，利用函数可以将以上功能实现变得简单。

6. 注释

T-SQL支持两种类型的注释字符：

-- （双连字符）：单行注释符，符号后面到本行结束部分为注释内容。

/*…*/（正斜杠—星号对）：注释多行符，/* 到 */ 之间的内容都是注释。

7. 保留关键字

保留关键字是 SQL Server 使用的 T-SQL 语法的一部分，已经定义好有特殊用途的符号，用于分析和理解 T-SQL 语句和批处理。在 T-SQL 语句中不能使用保留关键字作为对象名和标识符。

8.2.3 常量和变量

1. 常量

常量是表示特定数据值的符号，在整个程序运行过程中保持不变。常量的格式取决于它所表示的值的数据类型。T-SQL 中常用的常量主要有字符串常量、整型常量、实型常量、MONEY 常量、UNIQUE IDENTIFIER 常量和日期时间常量等。

1）字符串常量

字符串常量分为 ASCII 字符串常量和 Unicode 字符串常量两种。

ASCII 字符串常量是用单引号（' '）括起来的由 ASCII 字符构成的符号串，每个 ASCII 字符用一个字节来存储。

Unicode 字符串常量数据中的每个字符用两个字节存储，与 ASCII 字符串常量相似，但它前面有一个 N 标识符（N 代表 SQL-92 标准中的国际语言）。N 前缀必须是大写字母，例如 N'What is your name?'。

2）整型常量

按照整型常量表示方式的不同，可将整型常量分为二进制整型常量、十进制整型常量和十六进制整型常量。

二进制整型常量的表示：即数字 0 或 1，并且不使用引号。如果使用一个大于 1 的数字，它将被转换为 1。

十进制整型常量的表示：即不带小数点的十进制数，例如 2020、9、+20、–20。

十六进制整型常量的表示：前缀 0x，后跟十六进制数字串。例如 0xAEBF、0x12Ff、0x48AEFD010E。

3）实型常量

实型常量按表示方式的不同，可分为定点表示和浮点表示。

定点表示：例如 1894.1204、2.0、+145345234.2234、–2147483648.10。

浮点表示：例如 101.5E5、0.5E–2、+123E–3、–12E5。

4）日期时间常量

日期时间常量由单引号将表示日期时间的字符串括起来构成。SQL Server 可以识别的日期和时间格式有字母日期格式、数字日期格式和未分隔的字符串格式。例如 'April 15, 2012'、'4/15/1998'、'20191207'、'04:24:PM'、'April 15, 2020 14:30:24'。

5）MONEY 常量

MONEY 常量是以 $ 作为前缀的整型或实型常量数据。例如 $12、$542023、–$45.56、+$423456.99。

3. 变量

变量是在程序运行过程中会发生改变的量。根据作用范围，可以将变量分为局部变量和全局变量两种。

1）全局变量

全局变量是系统提供并赋值的变量，用于存储系统的特定信息，作用范围并不局限于某一程序，而是任何程序均可随时调用。

全局变量是在服务器级定义的，以@@开头。例如@@version。

全局变量对用户来说，是只读的，用户只能使用预先定义的全局变量，不能建立全局变量，也不能修改其值，但可在程序中用全局变量来测试系统的设定值或T-SQL命令执行后的状态值。

2）局部变量

局部变量只在一个批处理或存储过程中使用，用来存储从表中查询到的数据，或当作程序执行过程中的暂存变量使用。通常，局部变量可以作为计数器，计算循环执行的次数或控制循环执行的次数；此外，利用局部变量还可以保存数据值，以供流程控制语句测试，以及保存由存储过程返回的数据值等。T-SQL中声明变量的方式与一般程序设计语言中变量的声明方式有所不同，一般程序设计语言中声明变量时要先声明数据类型再定义变量名，而T-SQL刚好相反，需要先定义变量名，再指定变量的数据类型。

局部变量使用DECLARE语句声明，以@开头，其语法格式如下：

```
DECLARE {@变量名数据类型} [...n]
```

例如：

```
DECLARE @name VARCHAR(8)
DECLARE @seat INT
```

声明完局部变量后，就可以使用SET和SELECT对局部变量进行赋值，赋值格式如下：

```
SET @变量名 = 值            (普通赋值)
SELECT @变量名 = 值[,...]   (查询赋值)
```

说明：SET用于普通赋值，一次只能给一个局部变量赋值，SELECT用于查询赋值，可以同时给多个局部变量赋值。使用SELECT语句赋值时，若返回多个值，结果为返回的最后一个值。若省略"="及其后的表达式，可以将局部变量的值输出并显示出来。

8.2.4 内置函数

T-SQL中的内置函数很多，大体上可分为下面几类：数学函数、字符串函数、日期和时间函数、系统函数、系统统计函数、聚合函数、配置函数、游标函数、元数据函数、安全函数、排名函数、加密函数、行集函数以及文本和图像函数。这里仅就一些常用的函数进行介绍，如表8-7所示，列出了这些常用内置函数的作用。

表 8-7　T-SQL 常用的系统内置函数

函 数 类 别	作　　　用
数学函数	执行三角、几何和其他数字运算
字符串函数	可更改 CHAR、VARCHAR、NCHAR、NVARCHAR、BINARY 和 VARBINARY 的值
日期和时间函数	可以更改日期和时间的值
聚合函数	执行的操作是将多个值合并为一个值。例如 COUNT、SUM、MIN 和 MAX
系统函数	对系统级的各种选项和对象进行操作或报告
系统统计函数	返回有关 SQL Server 性能的信息
游标函数	返回有关游标状态的信息
元数据函数	返回数据库和数据库对象的属性信息
配置函数	是一种标量函数，可返回有关配置设置的信息
转换函数	将值从一种数据类型转换为另一种
安全函数	返回有关用户和角色的信息

1. 数学函数

数学函数用来实现各种数学运算，如三角运算、指数运算、对数运算等，要求操作数为数值型数据，例如 DECIMAL、INTEGER、FLOAT、REAL、MONEY、SAMLLMONEY、SAMLLINT 和 TINYINT 等。T-SQL 语句中提供的常用数学函数如表 8-8 所示。

表 8-8　常用数学函数

函　　　数	说　　　明
ABS(数值表达式)	返回指定数值表达式的绝对值
PI( )	返回以浮点数表示的圆周率
COS(浮点表达式)	返回指定弧度的余弦值
SIN(浮点表达式)	返回指定弧度的正弦值
EXP(浮点表达式)	返回求 e 的指定次幂
LOG(浮点表达式)	返回以 e 为底的对数，求自然对数
LOG10(浮点表达式)	返回以 10 为底的对数
CEILING(数值表达式)	返回大于或等于指定数值表达式的最小整数
FLOOR(数值表达式)	返回小于或等于指定数值表达式的最大整数
POWER(数值表达式1, 数值表达式2)	返回数值表达式 1 的数值表达式 2 次幂
SQRT(数值表达式)	返回数值表达式的平方根
ROUND(数值表达式[,长度[,操作方式]])	返回一个数值，舍入到指定的长度

2. 字符串函数

字符串函数对字符串执行操作，并返回字符串或数值，字符串函数也为标量函数。所有内置字符串函数都是具有确定性的函数。表 8-9 列出了常用字符串函数及其含义。

表 8-9 常用字符串函数

函　　数	说　　明
ASCII()	返回字符串中最左侧的字符的 ASCII 码
CHAR()	把 ASCII 码转换为字符，介于 0~255 之间的整数
LEFT(字符串表达式, 整数表达式)	返回字符串中从左边开始指定个数的字符
RIGHT(字符串表达式, 整数表达式)	返回字符串中从右边开始指定个数的字符
LEN(字符串表达式)	返回指定字符串表达式的字符数，其中不包含尾随空格
LOWER(字符串表达式)	返回大写字符数据转换为小写的字符表达式
UPPER(字符串表达式)	返回小写字符数据转换为大写的字符表达式
LTRIM(字符串表达式)	返回删除了前导空格之后的字符表达式
RTRIM(字符串表达式)	返回删除了尾随空格之后的字符表达式
SUBSTRING(字符串表达式, 开始位置, 长度)	返回子字符串

3. 日期时间函数

日期时间函数是对日期和时间输入值执行操作，并返回一个字符串、数字或日期和时间值。这些函数都是标量函数。日期时间函数可分为用来获取系统日期和时间值的函数、用来获取日期和时间部分的函数、用来获取日期和时间差的函数、用来修改日期和时间值的函数、用来设置或获取会话格式的函数和用来验证日期和时间值的函数等 6 类函数。常见日期时间函数如表 8-10 所示。

表 8-10　常用日期时间函数

函　　数	说　　明
DATEADD(日期部分, 数字, 日期)	返回给指定日期加上一个时间间隔后的新的日期值
DATEDIFF(日期部分, 开始日期, 结束日期)	返回两个指定日期的指定日期部分的差的整数值
DATENAME(日期部分, 日期)	返回表示指定日期的指定日期部分的字符串
DATEPART(日期部分, 日期)	返回表示指定日期的指定日期部分的整数
GETDATE( )	返回当前系统日期和时间
YEAR (日期)	返回一个整数，表示指定日期的年的部分
MONTH (日期)	返回一个整数，表示指定日期的月的部分
DAY(日期)	返回一个整数，表示指定日期的天的部分

4. 聚合函数

聚合函数对一组值执行计算，并返回单个值。所有聚合函数均为确定性函数，这表示任何时候使用一组特定的输入值调用聚合函数，所返回的值都是相同的。一般情况下，若字段中含有空值，聚合函数会忽略，但 COUNT 除外。

聚合函数在下列位置可作为表达式使用：

（1）SELECT 语句的选择列表(子查询或外部查询)。

（2）COMPUTE 或 COMPUTE BY 子句。

（3）HAVING 子句。

常用聚合函数如表 8-11 所示。

表 8-11 常用聚合函数

函 数	说 明
AVG( )	返回组中各值的平均值。空值将被忽略。表达式为数值表达式
COUNT( )	返回组中的项数。COUNT(*) 返回组中的项数。包括 NULL 值和重复项。如果指定表达式则忽略空值。表达式为任意表达式
MIN( )	返回组中的最小值。空值将被忽略。表达式为数值表达式，字符串表达式，日期
MAX( )	返回组中的最大值。空值将被忽略。表达式为数值表达式，字符串表达式，日期
SUM( )	返回组中所有值的和。空值将被忽略。表达式为数值表达式

8.2.5 自定义函数

和其他编程语言一样，SQL Server 提供了用户自定义函数的功能。通过用户自定义函数可以接受参数，执行复杂的操作并将操作结果以值的形式返回。根据函数返回值的类型，可以把 SQL Server 用户自定义函数分为标量值函数（数值函数）和表值函数（内联表值函数和多语句表值函数）。数值函数返回结果为单个数据值；表值函数返回结果集（TABLE 数据类型）。

1. 函数定义

函数的定义语句格式如下：

```
CREATE OR REPLACE FUNCTION 函数名([参数1,参数2,…])
RETURNS <类型>
AS
<过程化SQL块>;
```

注意：T-SQL 中定义函数的方式与一般编程语言也有所不同，T-SQL 中函数的返回类型没有放在函数名前面，而是需要在关键字 RETURNS 后面来指定，具体的函数功能模块放在 AS 关键字后面。函数体中需要返回的内容由关键字 RETURN（不是 RETURNS）来指定。

2. 函数执行

函数的执行语句格式如下：

```
CALL/SELECT 函数名([参数1,参数2,…])
```

8.2.6 控制流语言

流程控制语句是指那些用来控制程序执行和流程分支的命令，在 SQL Server 2016 中，流程控制语句主要用来控制 T-SQL 语句、语句块和存储过程的执行流程。

1. BEGIN … END 语句

BEGIN … END 语句能够将多个 T-SQL 语句组合成一个语句块，并将它们视为一个单元来处理。在条件语句和循环等控制流程语句中，当符合特定条件便要执行两个或者多个语句时，就需要使用 BEGIN … END 语句，其语法如下：

```
BEGIN
```

```
    {语句组}
END
```

说明：

（1）BEGIN ... END：为语句关键字，允许嵌套。

（2）{语句组}：指任何有效的T-SQL语句或语句组。

2. IF ... ELSE 语句

IF ... ELSE语句是条件判断语句，用来判断当某一条件成立时执行某段程序，条件不成立时执行另一段程序。其中，ELSE子句是可选的。SQL Server允许嵌套使用IF ... ELSE语句，而且嵌套层数没有限制。

IF ... ELSE语句的语法格式如下：

```
IF 布尔表达式
    {语句组}
[ ELSE
    {语句组}
]
```

说明：

（1）IF ... ELSE构造可用于批处理、存储过程和即时查询。

（2）可以在其他IF之后或在ELSE下面嵌套IF语句。

（3）布尔表达式：返回TRUE或FALSE的表达式。如果布尔表达式中含有SELECT语句，则必须用圆括号将SELECT语句括起来。

（4）{语句组}：指任何有效的T-SQL语句或语句组。

3. CASE 语句

CASE语句用于计算条件列表，并将其中一个符合条件的结果表达式返回。CASE语句按照使用形式的不同，可以分为简单CASE表达式和搜索CASE表达式。

1）简单CASE表达式

简单CASE表达式用于将某个表达式与一组简单表达式进行比较，以确定结果。其语法形式为：

```
CASE
    WHEN表达式值1 THEN 结果表达式1
    [WHEN表达式值2 THEN 结果表达式2
    […]]
    [ELSE 结果表达式n]
END
```

其执行过程是：用条件表达式的值依次与每一个WHEN子句的表达式值比较，直到与其中某个表达式值完全相同时，便将该WHEN子句指定的结果表达式返回。如果没有任何一个WHEN子句的表达式值和条件表达式值相同，这时，如果存在ELSE子句，便返回ELSE子句之后的结果表达式；如果不存在ELSE子句，便返回一个NULL值。

2）搜索CASE表达式

搜索CASE表达式语法格式为：

```
CASE
   WHEN逻辑表达式1 THEN 结果表达式1
   [WHEN逻辑表达式2 THEN 结果表达式2
   [...]]
   [ELSE 结果表达式n]
END
```

其执行过程是：测试每个WHEN子句后的逻辑表达式，如果结果为TRUE，则返回相应的结果表达式；否则检查是否有ELSE子句，如果存在ELSE子句，便返回ELSE子句之后的结果表达式；如果不存在ELSE子句，便返回一个NULL值。

4. WHILE、CONTINUE和BREAK语句

WHILE、CONTINUE和BREAK语句用于设置重复执行T-SQL语句或语句块的条件。当指定的条件为真时，重复执行语句。

语法格式如下：

```
WHILE 逻辑表达式
     {语句块 }
     [BREAK]
     {语句块}
     [CONTINUE]
     {语句块}
```

说明：

（1）如果嵌套了两个或多个WHILE循环，则内层的BREAK将退出到下一个外层循环。将首先运行内层循环结束之后的所有语句，然后重新开始下一个外层循环。

（2）逻辑表达式返回TRUE或FALSE。

（3）BREAK导致从最内层的WHILE循环中退出。

（4）CONTINUE使WHILE循环重新开始执行，忽略CONTINUE关键字后面的任何语句。

5. GOTO语句

GOTO语句可以使程序直接跳到指定的标有标识符的位置继续执行。

GOTO语句和标识符可以用在语句块、批处理和存储过程中，标识符可以为数字与字符的组合，但必须以冒号"："结尾，GOTO语句允许嵌套。

语法形式如下：

```
LABEL:
SOME EXECUTION
GOTO LABEL
```

说明：

（1）GOTO可出现在条件控制语句、语句块或过程中，但它不能跳转到该批处理以外的标签。GOTO分支可跳转到定义在GOTO之前或之后的标签。

（2）如果GOTO语句指向LABEL标签，则该标签为处理的起点。

8.2.7 存储过程

1. 存储过程的概念

存储过程（Stored Procedure）和表、视图一样，也是一种数据库对象。它的主体构成是标准SQL命令，同时包括SQL的扩展：语句块、结构控制命令、变量、常量、运算符、表达式、流程控制、游标等，这些语句作为一个单元来处理。存储过程在第一次执行时进行编译，然后将编译好的代码保存在高速缓存中便于以后调用，这样可以提高代码的执行效率。

2. 存储过程的优点

1）减少了服务器/客户端网络流量

存储过程位于服务器上，调用的时候只需要传递存储过程的名称以及参数即可，因此降低了网络传输的数据量。

2）更强的安全性

参数化的存储过程可以防止SQL注入式攻击，而且可以将GRANT、DENY以及REVOKE权限应用于存储过程。

3）代码的重复使用

存储过程可以重复使用，从而可以减少数据库开发人员的工作量。

3. 存储过程的分类

1）系统存储过程

系统存储过程存储在master中，以xp_和sp_开头，用来进行系统的各项设定，取得信息等相关管理工作，存储过程通过EXEC命令调用，带参存储过程还需要在后面给参数赋值，调用方式为：

```
EXEC 存储过程名 [参数名=参数值]
```

例如：

```
EXEC sp_databases                      --查询当前服务器上所有数据库
EXEC sp_tables                         --查询当前数据库中所有表
EXEC sp_stored_procedures              --查询当前数据库的所有存储过程
EXEC sp_tables @table_name='Member'    --查看Member表，该存储过程带参数
EXEC sp_MShelpcolumns Member           --查看Member表结构
EXEC sp_helpIndex Member               --查看Member表的索引
EXEC sp_helpConstraint Member          --查看Member表的约束
EXEC sp_depends @objname='Member'      --查看数据库对象Member表的依赖关系
```

2）本地存储过程

本地存储过程是用户根据需要，在自己的普通数据库中创建的存储过程。

3）临时存储过程

临时存储过程通常分为局部临时存储过程和全局临时存储过程。

（1）局部临时存储过程：以"#"作为名称的第一个字符，该存储过程是存放在tempdb数据库中的本地临时存储过程，只有创建它的用户才能执行它。

（2）全局临时存储过程：以"##"开始，该存储过程是存储在 tempdb 数据库中的全局临时存储过程，全局临时存储过程一旦创建，以后连接到服务器的任意用户都可以执行它，而且不需要特定的权限。

4）远程存储过程

远程存储过程是位于远程服务器上的存储过程，通常可以使用分布式查询和 EXECUTE 命令执行一个远程存储过程。

5）扩展存储过程

扩展存储过程是用户可以使用外部程序语言编写的存储过程，而且扩展存储过程的名称通常以 xp_ 开头。

4. 存储过程管理

1）创建存储过程

```
CREATE OR REPLACE PROCEDURE过程名([参数1,参数2,…])
AS
<过程化SQL块>
```

格式说明：

（1）过程名：数据库服务器合法的对象标识。

（2）参数列表：用名字来标识调用时给出的参数值，必须指定值的数据类型。参数也可以定义输入参数、输出参数或输入/输出参数，默认为输入参数。

（3）过程体：是一个<过程化 SQL 块>，包括声明部分和可执行语句部分。

2）执行存储过程

```
CALL/PERFORM PROCEDURE 过程名([参数1,参数2,…])
```

说明：

（1）使用 CALL 或者 PERFORM 等方式激活存储过程的执行。

（2）在过程化 SQL 中，数据库服务器支持在过程体中调用其他存储过程。

3）修改存储过程

```
ALTER PROCEDURE 过程名([参数1,参数2,…])
AS
<过程化SQL块>
```

相关参数的含义和创建存储过程语句中的参数相同。

4）删除存储过程

```
DROP PROCEDURE 过程名
```

8.2.8 游标

1. 游标的概念

游标是一种能从包括多条数据记录的结果集中每次提取一条记录的机制。游标相当于指向结果记录集的指针，每次指向其中一行，提取完当前行后自动指向下一行。游标通常与一条 SELECT 查询语句相关联，应用程序可以通过它对查询结果集中的每一条记录进行操作。

2. 游标的分类

SQL Server 支持三种类型的游标：T-SQL 游标、API 游标和客户游标。

1）T-SQL 游标

T-SQL 游标由 DECLARE CURSOR 语句定义，主要用在 T-SQL 脚本、存储过程和触发器中。T-SQL 游标主要用在服务器端，由从客户端发送给服务器的 T-SQL 语句或者批处理、存储过程、触发器中的 T-SQL 进行管理。T-SQL 游标不支持提取数据块或多行数据。

2）API 游标

API 游标支持在 OLE DB、ODBC 或 DB_library 中使用游标函数，主要用在服务器上。客户端应用程序每次调用 API 游标函数，SQL Sever 的 OLE DB 提供者、ODBC 驱动器或 DB_library 的动态链接库（DLL）都会将这些客户端请求传送给服务器以便对 API 游标进行处理。

3）客户游标

客户游标主要用在对客户机缓存结果集使用上。在客户游标中，有一个默认结果将整个结果集缓存在客户机上。客户游标仅支持静态游标。由于服务器游标并不支持所有的 T-SQL 语句或批处理，所以客户游标常常被用作服务器游标的辅助。由于 API 游标和 T-SQL 游标使用在服务器端，所以称为服务器游标，又称后台游标，而客户端游标称为前台游标。

3. 游标的使用

使用游标分为 5 个主要步骤：声明游标、打开游标、读取游标、关闭游标和释放游标。

1）声明游标

```
DELCARE游标名 [INSENSITIVE] [SCROLL] CURSOR
FOR <SELECT语句>
[FOR READ ONLY|UPDATE [OF<列名> [,…n] ] ]
```

其中：

INSENSITIVE 关键字定义游标选出来的记录存放在 tempdb 数据库的临时表中，对基本表的修改不会影响游标已经读取的数据。如果不使用该关键字，对基本表的增加、删除、修改操作都会反映到游标中。

SCROLL 可以指定游标提取的方式，其具体取值为：

（1）FIRST：提取第一行；

（2）LAST：提取最后一行；

（3）PRIOR：提取上一行；

（4）NEXT：提取下一行；

（5）RELEATUVE n：提取当前位置之后的第 n 行；

（6）ABSULUTE n：提取从第一行开始算起的第 n 行；

（7）READ ONLY：只读游标，不能用于更新数据。

如果不使用该关键字，只能按 NEXT 方式提取操作。

UPDATE [OF<列名> [,…n]] 定义可以在游标中更新的列，如果不指出列名将更新所有列。

2）打开游标

```
OPEN 游标名
```

3）读取游标

```
FETCH [NEXT|PRIOR|FIRST|LAST|ASSOLUTE n|RELEATUVE n]
FROM 游标名
[INTO @变量名[,…n]]
```

其中，NEXT|PRIOR|FIRST|LAST|ASSOLUTE n|RELEATUVE n同声明游标中参数的含义，INTO @变量名[,…n]运行用户将读取后的数据存放在多个变量中。

4）关闭游标

处理完结果集中的数据后，必须关闭游标后才能释放结果集。关闭语句格式：

```
CLOSE 游标名
```

5）释放游标

游标使用完毕后，需要释放其所占用的相关资源，释放语句格式：

```
DEALLOCATE 游标名
```

6）游标系统变量

经常使用的游标系统变量有两个：@@CURSOR_ROWS和@@FETCH_STATUS。

（1）@@CURSOR_ROWS返回游标中满足条件的记录数。

① -n：表示异步填充，返回当前填充的行数n。

② -1：动态游标，无法确定已检索到符合条件的记录行。

③ 0：游标未打开。

④ n：游标已完全填充，返回游标中的总行数n。

（2）@@FETCH_STATUS返回上次执行FETCH命令后的状态。

① 0：FETCH执行成功。

② -1：FETCH执行失败，该记录不在游标中。

③ -2：被读取的元组不存在。

▍8.3　实　验　内　容

8.3.1　常量和变量的使用

（1）编写程序，计算两个整数的和。

```
DECLARE @i INT, @j INT, @sum INT
SET @i = 50
SET @j = 60
SELECT @sum = @i + @j
```

```
PRINT @sum
GO
```

运行截图如图8-1所示。

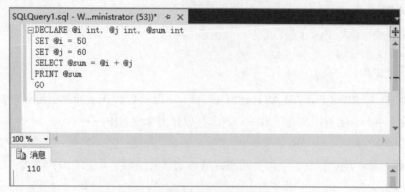

图8-1 运行结果

（2）定义FLOAT类型的局部变量@fPrice，用于查询线路表中Rprice大于或等于2倍@fprice的线路，假设@fPrice的值为10000元。

```
DECLARE @fPrice FLOAT                    --定义变量
SET @fPrice=10000                        --给变量赋值
SELECT Rno,Rprice,'>=',@fPrice
FROM Route
WHERE Rprice>=2*@fPrice
```

运行截图如图8-2所示。

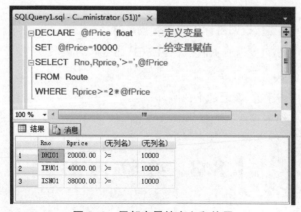

图8-2 局部变量的定义和使用

8.3.2 内置函数的使用

（1）统计每条线路的总人数。

```
SELECT Pno,SUM(Bnum)  总人数
FROM Booking
GROUP BY Pno
```

运行结果如图 8-3 所示。

图 8-3　运行结果

（2）生成 4 个 0~1 之间的随机数。

```
DECLARE @counter SMALLINT
SET @counter = 1
WHILE @counter < 5
BEGIN
    PRINT RAND(@counter)
    SET @counter = @counter + 1
END
```

运行结果如图 8-4 所示。

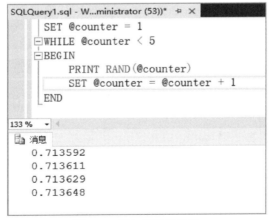

图 8-4　随机函数的使用

（3）使用日期函数获取系统当前的年份、月份和日期。

```
SELECT GETDATE(),YEAR(GETDATE()),'年',MONTH(GETDATE()),'月', DAY(GETDATE()),'日'
```

运行结果如图8-5所示。

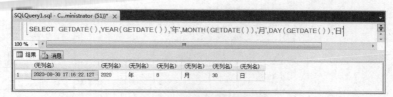

图 8-5　日期函数的使用

（4）输出字符串"SQL Server"中每个字符的ASCII码值和字符：

```
DECLARE @position INT, @string VARCHAR(30)
SET @position = 1
SET @string = 'SQL SERVER'
WHILE @position <= DATALENGTH(@string)
    BEGIN
    SELECT @position AS 位置,
CHAR(ASCII(SUBSTRING(@string, @position, 1))) AS 字符,
    ASCII(SUBSTRING(@string, @position, 1)) AS ASCII码值
    SET @position = @position + 1
    END
GO
```

运行结果如图8-6所示。

图 8-6　字符函数的使用

（5）定义变量@avgAge和@maxAge，并将旅游团成员的平均年龄赋值给变量@avgAge,最大年龄赋值给变量@maxAge。

```
DECLARE @avgAge INT,@maxAge INT
SELECT @avgAge=AVG(YEAR(GETDATE())-YEAR(M.mBirth)),
    @maxAge = MAX(YEAR(GETDATE())-YEAR(M.mBirth))
FROM Member AS M
PRINT '平均年龄: '+CONVERT(VARCHAR(2),@avgAge)
PRINT '最大年龄: '+CONVERT(VARCHAR(2),@maxAge)
```

运行结果如图8-7所示。

```
□ DECLARE @avgAge int,@maxAge int
□ SELECT @avgAge=avg(YEAR(getdate())-YEAR(M.mBirth)),
        @maxAge = max(YEAR(getdate())-YEAR(M.mBirth))
- FROM Member AS M

  PRINT '平均年龄: '+convert(varchar(2),@avgAge) |
- PRINT '最大年龄: '+convert(varchar(2),@maxAge);
```
```
消息
平均年龄: 37
最大年龄: 53
```

图 8-7　变量的使用

（6）分别使用SQL Server中6个不同的返回当前日期和时间的SQL Server系统函数，返回当前系统的日期和时间。

```
SELECT 'SYSDATETIME()', SYSDATETIME()
SELECT 'SYSDATETIMEOFFSET()', SYSDATETIMEOFFSET()
SELECT 'SYSUTCDATETIME()', SYSUTCDATETIME()
SELECT 'CURRENT_TIMESTAMP', CURRENT_TIMESTAMP
SELECT 'GETDATE()', GETDATE()
SELECT 'GETUTCDATE()', GETUTCDATE()
```

运行结果如图8-8所示。

图 8-8　日期和时间函数运行结果

（7）求"Tours"数据库中最大团、最小团和所有团的总人数。

```
SELECT MAX(Ptop) AS 最大团人数, MIN(Ptop) AS 最小团人数,
       SUM(Ptop) AS 总团人数
FROM Plans
```

运行结果如图8-9所示。

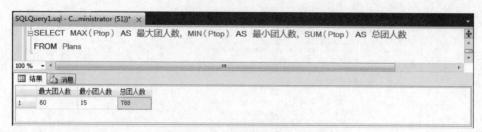

图8-9　聚合函数的使用

8.3.3　自定义函数

（1）创建一个函数，返回指定团员的年龄。

【分析】该函数需要返回一个年龄值，所以需要定义一个标量函数。

如图8-10所示，在数据库对象窗口中，展开"可编程性"下面的"函数"文件夹，右击"标量值函数"，在弹出的快捷菜单中选择"新建标量值函数…"命令，在右侧SQL查询编辑器中输入以下内容：

```
CREATE FUNCTION ShowAge (@mNo CHAR(4))
RETURNS INT
AS
BEGIN
    DECLARE @mAge INT
```

图8-10　创建标量函数

```
SET @mAge=(SELECT YEAR(GETDATE())-YEAR(M.Mbirth)
            FROM Member as M
            WHEREM.Mno=@mNo
            )
    RETURN @mAge
END
GO
```

执行后，刷新标量值函数文件夹，展开后即可看到创建的函数dbo.ShowAge，如图8-11所示。

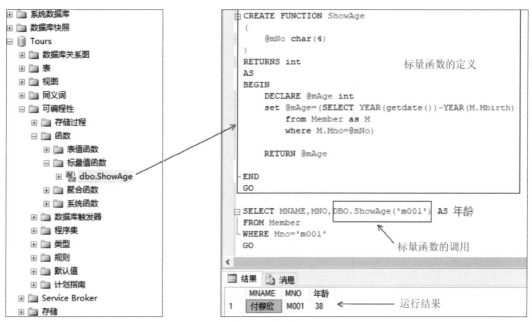

图 8-11   标量函数的定义和调用

（2）创建标量值函数discount_price，求每个线路打折后的价格。

```
CREATE FUNCTION discount_price(@pNo CHAR(6))
RETURNS MONEY
AS
BEGIN
    DECLARE @disPrice MONEY
    SET @disPrice =(SELECT Rdiscount*Rprice
        FROM Route,Plans
        WHERE Plans.Rno=Route.Rno AND Pno=@pNo
    )
    RETURN @disPrice
END
GO
```

函数定义之后，在调用的时候需要在函数名的前面加上该函数的所有者（如本例中函数的所有者为dbo），否则服务器会返回"不是可以识别的内置函数名称"的编译错误消息。

以返回线路编号为"p00001"的折扣价为例，调用格式如下，

```
SELECT 'p00001' AS 线路编号,dbo.discount_price('p00001') AS 折扣价
```

运行结果如图8-12所示。

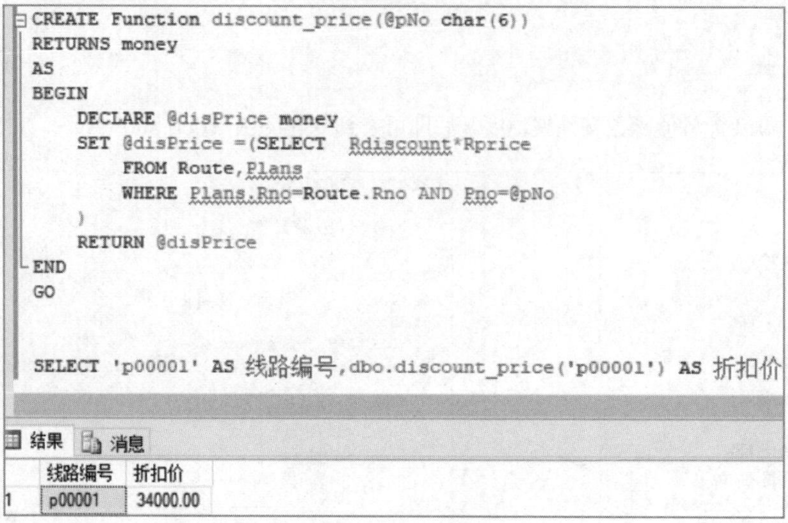

```
CREATE Function discount_price(@pNo char(6))
RETURNS money
AS
BEGIN
    DECLARE @disPrice money
    SET @disPrice =(SELECT  Rdiscount*Rprice
        FROM Route,Plans
        WHERE Plans.Rno=Route.Rno AND Pno=@pNo
    )
    RETURN @disPrice
END
GO


SELECT 'p00001' AS 线路编号,dbo.discount_price('p00001') AS 折扣价
```

	线路编号	折扣价
1	p00001	34000.00

图 8-12　运行结果

（3）创建内联表值函数，old_members求年龄大于或等于50岁的老年成员，输入参数为线路编号，返回由年龄大于或等于50岁的成员信息及线路编号和线路名称组成的表。

【分析】与标量函数不同，表值函数返回结果一般是由若干条记录组成的一个Table，调用时可以将该表值函数看作一个表，将其放在SELECT查询的FROM子句中。

```
CREATE FUNCTION old_members(@Rno CHAR(5))
RETURNS Table
AS
RETURN(
    SELECT Member.Mno, Mname, Msex, Mbirth, Mtel, Maddress, Route.Rno, Rname
    FROM Member,Booking,Plans,Route
    WHERE Member.Mno=Booking.Mno
        AND Booking.Pno=Plans.Pno
        AND Plans.Rno=Route.Rno
        AND Route.Rno=@Rno
        AND YEAR(GETDATE())-YEAR(Member.mBirth)>=50
)
```

调用内联表值函数时不需要指明函数的所有者，服务器会自动分析执行。以查询线路编号为"DHI01"，年龄大于或等于50岁的成员信息及线路编号和线路名称为例，语句如下：

```
SELECT * FROM old_members('DHI01')
```

运行结果如图8-13所示。

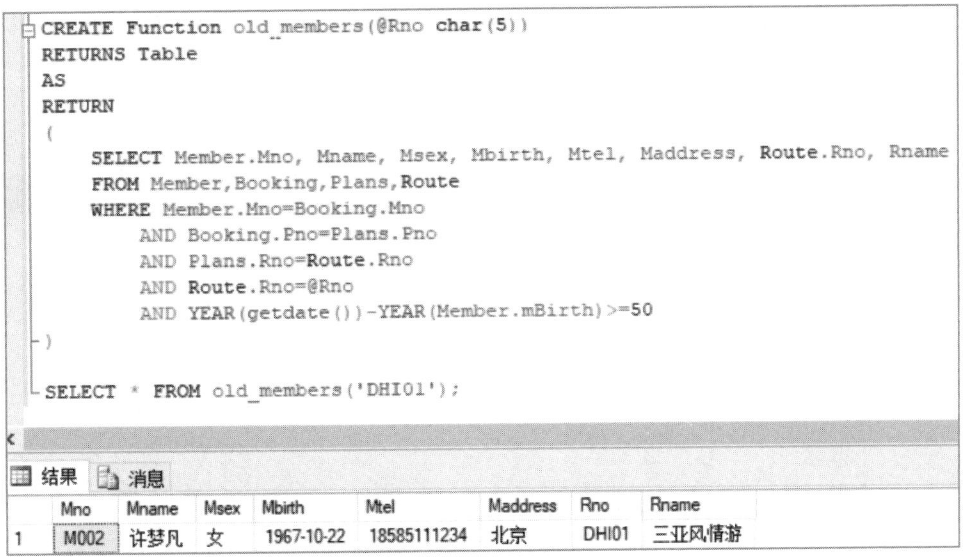

```
CREATE Function old_members(@Rno char(5))
RETURNS Table
AS
RETURN
(
    SELECT Member.Mno, Mname, Msex, Mbirth, Mtel, Maddress, Route.Rno, Rname
    FROM Member,Booking,Plans,Route
    WHERE Member.Mno=Booking.Mno
        AND Booking.Pno=Plans.Pno
        AND Plans.Rno=Route.Rno
        AND Route.Rno=@Rno
        AND YEAR(getdate())-YEAR(Member.mBirth)>=50
)

SELECT * FROM old_members('DHI01');
```

结果	消息

	Mno	Mname	Msex	Mbirth	Mtel	Maddress	Rno	Rname
1	M002	许梦凡	女	1967-10-22	18585111234	北京	DHI01	三亚风情游

图 8-13　运行结果

（4）创建多语句表值函数route_member，求指定成员的信息和他报的所有线路信息，输入参数为成员编号，返回该成员的信息和他报的所有线路信息。

【分析】多语句表值函数中包含多条SQL语句，需要用BEGIN和END来将多条SQL语句组装在一起，其结果用RETURNS返回，结果仍然是一个表。

```
CREATE FUNCTION route_member(@Mno CHAR(4))
RETURNS @t1 Table(
    Mname CHAR(10),
    Rname CHAR(20),
    Rstart DATE,
    Rend DATE
)
AS
  BEGIN
    INSERT INTO @t1
    SELECT Mname, Rname,Rstart,DATEADD(day,Rday,Rstart)
    FROM Member, Route,Booking,Plans
    WHERE Member.Mno=Booking.Mno AND
        Booking.Pno=Plans.Pno AND
        Plans.Rno=Route.Rno AND
    Member.Mno=@Mno
  RETURN
END
GO
```

其中，DATEADD(day, Rday, Rstart)为日期加函数，第一个参数可以是year、month或day分别表示在年、月或日上相加。起始日期在日上加上需要的天数，就是结束日期。

多语句表值函数的调用与内联表值函数类似，以查询成员"M001"参与的线路为例，语句如下：

```
SELECT * FROM route_member('M001')
```

运行结果如图8-14所示。

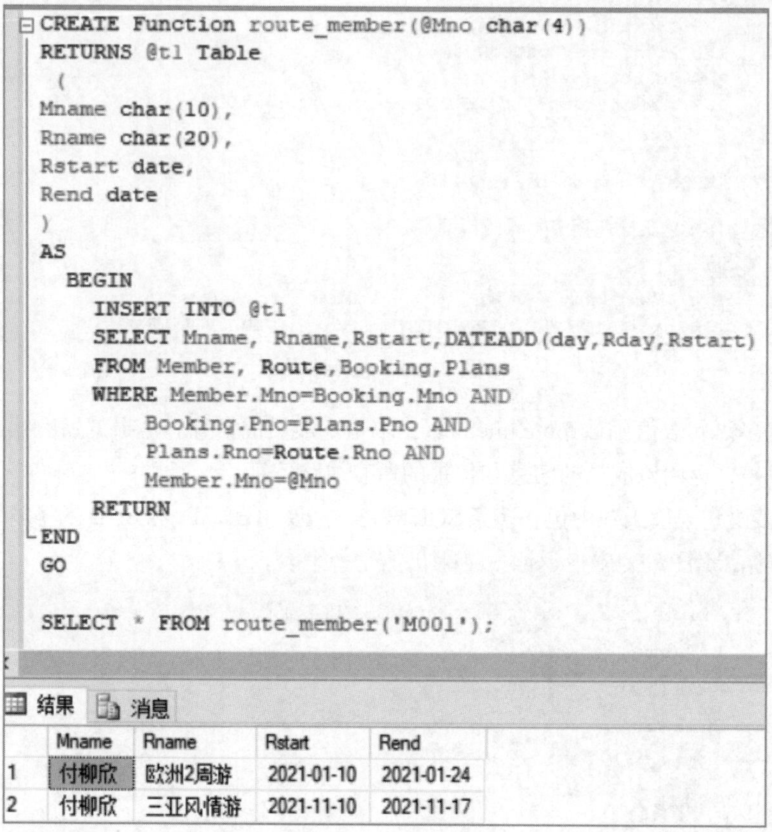

图 8-14　运行结果

8.3.4　流程控制语句

（1）利用IF … ELSE查询某条线路是国内线路还是国际线路。

```
DECLARE @rNo CHAR(5),@ch CHAR(1)
SET @rNo=(SELECT Rno FROM Plans
          WHERE Pno='P00001'
      )
      SET @ch=SUBSTRING(@rNo,1,1)
    IF @ch='D'
        PRINT'国内线路'
    ELSE
        PRINT '国际线路'
```

运行结果如图8-15所示。

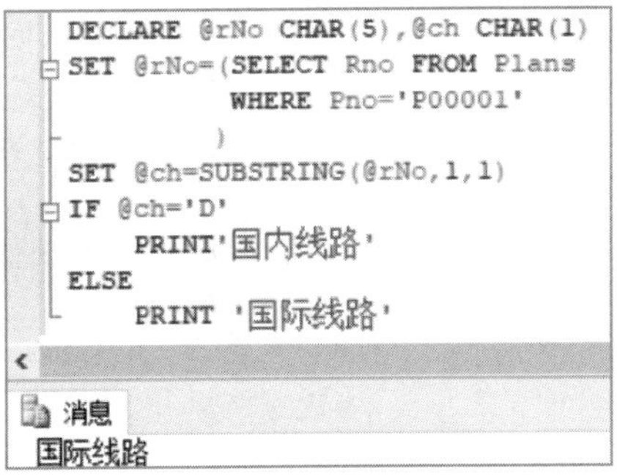

```
DECLARE @rNo CHAR(5),@ch CHAR(1)
SET @rNo=(SELECT Rno FROM Plans
             WHERE Pno='P00001'
             )
SET @ch=SUBSTRING(@rNo,1,1)
IF @ch='D'
    PRINT'国内线路'
ELSE
    PRINT '国际线路'
```

消息
国际线路

图 8-15　运行结果

（2）利用CASE语句，根据团队成员的出生日期查询他们的年龄状态，输出成绩对应的年龄状态：儿童、少年、青年、中年和老年。

```
SELECT Mno,Mname,Msex,年龄状态=(
    CASE
        WHEN YEAR(GETDATE())-YEAR(M.Mbirth)< 12 THEN '儿童'
        WHEN YEAR(GETDATE())-YEAR(M.Mbirth)< 18 THEN '少年'
        WHEN YEAR(GETDATE())-YEAR(M.Mbirth)< 35 THEN '青年'
        WHEN YEAR(GETDATE())-YEAR(M.Mbirth)< 50 THEN '中年'
        ELSE '老年'
    END
    )
FROM Member AS M
```

运行结果如图8-16所示。

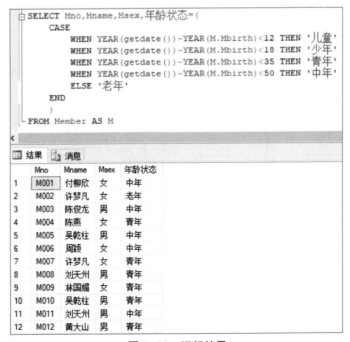

图 8-16　运行结果

（3）利用CASE语句，创建标量值函数，根据成员的年龄返回该成员的状态。

```
CREATE FUNCTION ShoWState(                        --定义标量函数
    @mNo CHAR(4)                                  --定义参数
)
RETURNS CHAR(6)                                   --返回值类型
AS                                                --函数体
BEGIN
    DECLARE @mAge INT
    DECLARE @mState CHAR(6)
    SET @mAge=(SELECT YEAR(GETDATE())-YEAR(M.Mbirth)    --计算年龄
        FROM Member as M
        WHERE M.Mno=@mNo)
    SET @mState=(                                 --根据年龄段设置年龄状态
    CASE
        WHEN @mAge<=12 THEN '儿童'
        WHEN @mAge>12 AND @mAge<=18 THEN '少年'
        WHEN @mAge>18 AND @mAge<=35 THEN '青年'
        WHEN @mAge>35 AND @mAge<=50 THEN '中年'
        ELSE '老年'
    END
    )
    RETURN @mState                               --返回年龄状态
END
GO
SELECT Mname,Mno, dbo.ShoWState('M003') AS 状态      --调用标量函数
FROM Member
WHERE Mno='M003'
```

运行结果如图8-17所示。

图 8-17　CASE 表达式的使用

（4）利用WHILE语句实现从0加到100的和。

```
DECLARE @count INT, @sum INT
SET @count=0
SET @sum=0
WHILE @count<100
BEGIN
SET @count= @count + 1
SET @sum=@sum+@count
END
SELECT @count AS 累加次数, @sum AS 总和
```

运行结果如图8-18所示。

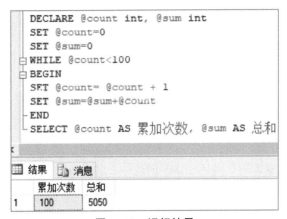

图8-18　运行结果

（5）利用WHILE循环打印输出九九乘法表。

```
DECLARE @row INT, @col INT
DECLARE @s VARCHAR(150)
SET @row=1
WHILE @row<=9
  BEGIN
      SET @col=1
      SET @s=''
      WHILE @col<=@row
      BEGIN
        SET @s=@s+STR(@col,1)+'x'+STR(@row,1)+'='+STR(@row*@col,2)+' '
        SET @col=@col+1
      END
      PRINT @s
      SET @row=@row+1
  END
```

运行结果如图8-19所示。

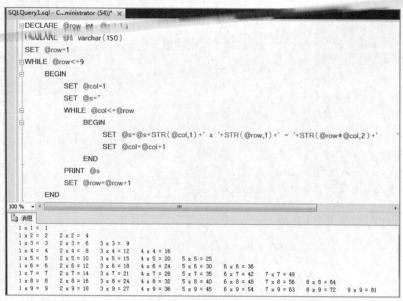

图 8-19　运行结果

8.3.5　存储过程的使用

1. 创建存储过程

（1）在"Tours"数据库中，使用SSMS创建一个名为Proc_Query1的存储过程，该存储过程返回开团编号为"P00002"的团队成员的信息。

操作步骤如下：

① 在"对象资源管理器"窗格中，展开"数据库"节点。

② 选择"Tours"数据库，依次展开"可编程性"→"存储过程"节点。右击"存储过程"节点，在弹出的快捷菜单中选择"新建存储过程"命令。

③ 打开创建存储过程的初始界面，如图8-20所示。

图 8-20　创建存储过程的初始界面

④ 创建存储过程的初始代码如下：

```
CREATE PROCEDURE Proc_Query1
    @plan_No CHAR(6)
AS
BEGIN
    SELECT M.*
    FROM Member AS M,Booking AS B,Plans AS P
    WHERE M.Mno=B.Mno AND B.Pno=P.Pno AND P.Pno=@plan_No
END
GO
```

⑤ 输入完成后，单击"分析"按钮，检查语法是否正确。

⑥ 如果没有任何错误，单击"执行"按钮，将在数据库中创建存储过程，执行结果如图 8-21 所示。

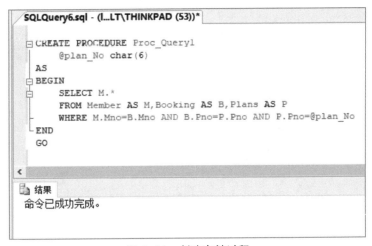

图 8-21　创建存储过程

⑦ 执行存储过程。输入存储过程执行命令：

```
EXEC Proc_Query1'P00003'
```

执行结果如图 8-22 所示。

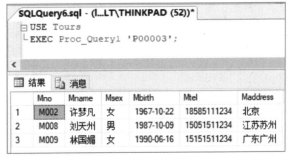

图 8-22　执行存储过程

（2）在“Tours”数据库中，使用T-SQL创建一个查询存储过程Proc_query2，该存储过程返回1980年以后出生的队员信息。

```
CREATE PROCEDURE Proc_query2
AS
SELECT *
FROM Member
WHERE YEAR(Mbirth)>=1980
GO
```

语句执行结果如图8-23所示。

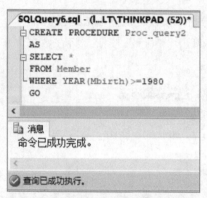

图8-23　创建存储过程Proc_query2

使用EXECUTE命令执行存储过程，在查询编辑器中执行Proc_query2。代码如下：

```
EXECUTE Proc_query2
GO
```

代码执行结果如图8-24所示。

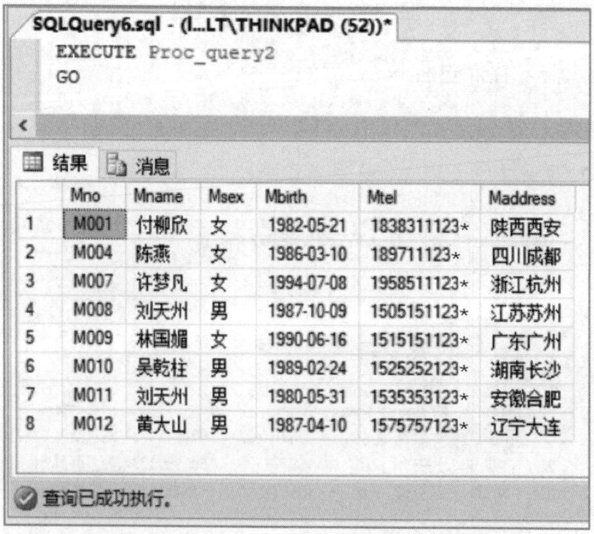

	Mno	Mname	Msex	Mbirth	Mtel	Maddress
1	M001	付柳欣	女	1982-05-21	1838311123*	陕西西安
2	M004	陈燕	女	1986-03-10	189711123*	四川成都
3	M007	许梦凡	女	1994-07-08	1958511123*	浙江杭州
4	M008	刘天州	男	1987-10-09	1505151123*	江苏苏州
5	M009	林国媚	女	1990-06-16	1515151123*	广东广州
6	M010	吴乾柱	男	1989-02-24	1525252123*	湖南长沙
7	M011	刘天州	男	1980-05-31	1535353123*	安徽合肥
8	M012	黄大山	男	1987-04-10	1575757123*	辽宁大连

图8-24　Proc_query2存储过程执行结果

（3）在"Tours"数据库中，使用T-SQL创建一个存储过程，用于查询指定线路编号的成员信息。

```
CREATE PROCEDURE look_rout_members
@Rno VARCHAR(5)
AS
BEGIN
SELECT * FROM Member
WHERE Mno IN(
    SELECT Mno FROM Booking,Plans
    WHERE Booking.Pno=Plans.pno AND Rno=@Rno
)
END
```

执行结果如图8-25所示。

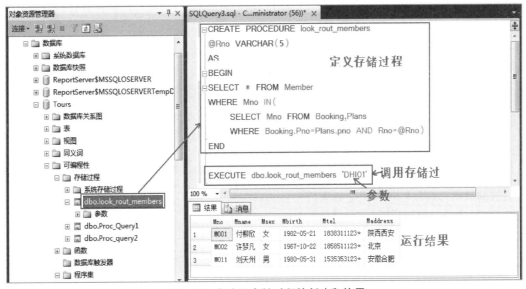

图 8-25　自定义存储过程的创建和使用

2. 修改存储过程

在"Tours"数据库中，使用SSMS修改存储过程Proc_query2，更改其功能为：查询80后的女队员信息，并执行存储过程。

（1）在"对象资源管理器"窗格中展开"数据库"节点，选择"STUDENTS"数据库，选择"可编程性"→"存储过程"，选择需要修改的存储过程。

（2）右击存储过程，在弹出的快捷菜单中选择"修改"命令，在"查询设计器"中修改该存储过程的代码即可：

```
ALTER PROCEDURE Proc_query2
AS
    SELECT *
    FROM Member
```

```
    WHERE (YEAR(Mbirth)>=1980 AND YEAR(Mbirth)<1990) AND Msex='男'
GO
```

然后执行修改后的存储过程Proc_query2：

```
EXECUTE Proc_query2
GO
```

执行结果如图8-26所示。

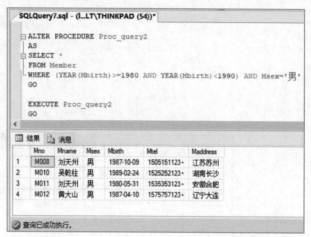

图8-26　执行修改后的存储过程 Proc_query2

上面的WHERE条件如果写成：

```
 (YEAR(Mbirth) BETWEEN 1980 AND 1990) AND Msex='女'
```

查询结果将包含1990年出生的队员。

3. 删除存储过程

（1）使用SSMS删除存储过程。操作步骤如下：

① 在"对象资源管理器"窗格中展开"数据库"节点，选择存储过程所在数据库→"可编程性"→"存储过程"→需要删除的存储过程。

② 右击存储过程，在弹出的快捷菜单中选择"删除"命令，在打开的"删除对象"对话框中单击"确认"按钮即可。

（2）使用T-SQL删除存储过程Proc_query2。代码如下：

```
DROP PROCEDURE Proc_query2
```

执行结果如图8-27所示。

图8-27　删除存储过程 Proc_query2

8.3.6 游标的使用

（1）声明一个名为OldMember_Cur游标，用于读取40岁以上队员的信息，并读取第4条记录。

```
USE TOURS
DECLARE OldMember_Cur SCROLL CURSOR
FOR SELECT * FROM Member
    WHERE (YEAR(GETDATE())- YEAR(Mbirth)>=40)
OPEN OldMember_Cur
FETCH ABSOLUTE 4 FROM OldMember_Cur
SELECT @@CURSOR_ROWS
```

执行结果如图8-28所示。

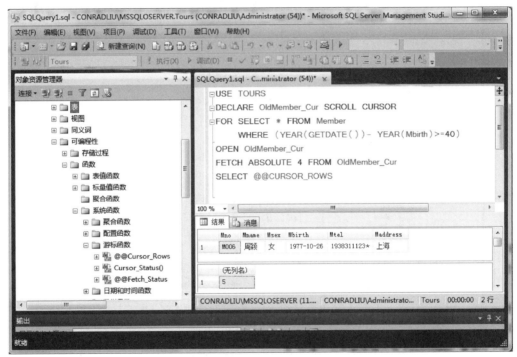

图 8-28 声明并使用 OldMember_Cur 游标

（2）声明一个MMember_Cur游标，用于读取Member表中所有女成员的信息。

【分析】如果想游标中把每一条记录都读取出来，可以使用WHILE循环读取，使用游标系统变量@@FETCH_STATUS判断是否读取结束。

```
USE TOURS
DECLARE MMember_Cur SCROLL CURSOR
FOR SELECT * FROM Member
    WHERE (Msex='女')
OPEN MMember_Cur
```

```
FETCH NEXT FROM MMember_Cur
WHILE(@@FETCH_STATUS=0)
BEGIN
    FETCH NEXT FROM MMember_Cur
END
```

运行结果如图8-29所示。

图 8-29　声明 MMember_Cur 游标并循环读取所有记录

注：上述游标循环读取结束后，游标指针指向最后一条记录之后，如果想重新读取数据，需要先关闭游标，然后重新打开再读取。

（3）关闭MMember_Cu游标。代码如下：

```
CLOSE MMember_Cur
GO
```

（4）通过游标OldMember_Cur，将第4条记录的Maddress值修改为上海浦东。

```
OPEN OldMember_Cur
FETCH ABSOLUTE 4 FROM OldMember_Cur           #修改前第4条记录
```

```
UPDATE Member
SET Maddress='上海浦东'
WHERE CURRENT OF OldMember_Cur
FETCH ABSOLUTE 4 FROM OldMember_Cur          #修改后第4条记录
SELECT * FROM Member                         #查询修改后表中的结果
    WHERE (YEAR(GETDATE())- YEAR(Mbirth)>=40)
```

运行结果如图 8-30 所示。

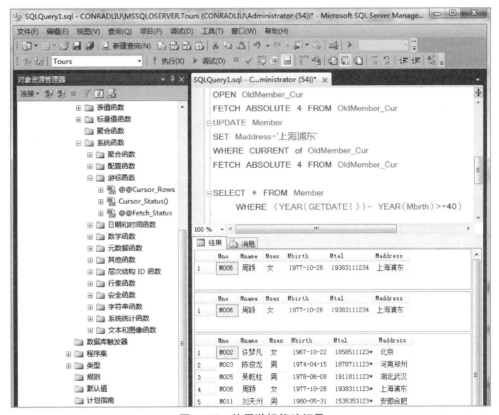

图 8-30　使用游标修改记录

8.4　实验任务

在所创建的 "ENTERPRISE" 数据库中使用 SSMS 或者 T-SQL 语句完成下列操作：

1. 查询某一门课程的信息，要查询的课程由用户在程序运行过程中指定，放在主变量中。

2. 查询选修某一门课程的选课信息，要查询的课程号由用户在程序运行过程中指定，放在主变量中，然后根据用户的要求修改其中某些记录的成绩字段。

3. 创建一个无参存储过程 EmployInfo，查询以下信息：部门号、部门名、姓名、性别、电话、工资。

4. 创建一个带参数的存储过程 Employ_info，该存储过程根据传入的员工编号在 Employee

表中查询此员工的信息。

5.创建一个带参数的存储过程 EmployInfo2，该存储过程根据传入的员工编号和部门名称查询以下信息：部门号、部门名、姓名、性别、电话、工资。

6.编写存储过程，统计河南的人员分布情况，即按照各部门统计人数。

7.编写带参数的存储过程，根据输入的部门名称统计该部门的平均年龄。

8.声明一个游标 F_Employ_Cur，用于读取性别为男的员工信息，并读取第2条和第4条记录。

8.5 思 考 题

1.什么是局部变量？什么是全局变量？

2.怎样给变量赋值？

3.说明 T-SQL 中各种流程控制语句的语法和使用方法。

4.存储过程存放在什么地方？存储过程在什么时候被编译？使用存储过程有哪些优点？

5.存储过程和函数有什么异同？

6.什么是游标？游标和存储过程有什么不同？

第9章

数据库访问技术

▌9.1 实 验 目 的

1. 掌握 SQL Server 2016 数据库的连接。
2. 掌握 ADO.NET 对数据库的连接以及访问。
3. 掌握数据库应用程序开发的基本方法。

▌9.2 知 识 要 点

9.2.1 ADO.NET 简介

ADO.NET 是一组可以用于和多种不同类型的数据源进行交互的面向对象类库，这些数据源可以是数据库，也可以是文本文件、Excel 表格或者 XML 文件。由于不同的数据源采用不同的协议，所以对于不同的数据源必须采用相应的协议。一些老式的数据源使用 ODBC 协议，许多新的数据源使用 OleDb 协议，并且还不断出现更多的数据源，这些数据源都可以通过 .NET 的 ADO.NET 类库进行连接。

ADO.NET 提供了一组与数据源进行交互的相关的公共方法，但是对于不同的数据源采用一组不同的类库。这些类库称为 Data Providers，并且通常是以与之交互的协议和数据源的类型来命名的，如表 9-1 所示。

表 9-1 .NET Framework 中包含的数据提供程序

.NET Framework 数据提供程序	说　明
用于 SQL Server 的数据访问接口	提供 Microsoft SQL Server 的数据访问。 使用 System.Data.SqlClient 命名空间
用于 OLE DB 的数据提供程序	提供对使用 OLE DB 公开的数据源中数据的访问。 使用 System.Data.OleDb 命名空间
用于 ODBC 的数据提供程序	提供对使用 ODBC 公开的数据源中数据的访问。 使用 System.Data.Odbc 命名空间
用于 Oracle 的数据提供程序	用于 Oracle 的数据提供程序支持 Oracle 客户端软件版本 8.1.7 和更高版本，并使用该 System.Data.OracleClient 命名空间
EntityClient 提供程序	提供对实体数据模型 (EDM) 应用程序的数据访问。 使用 System.Data.EntityClient 命名空间
.NET Framework SQL Server Compact 4.0 的数据提供程序	提供 Microsoft SQL Server Compact 4.0 的数据访问。 使用 System.Data.SqlServerCe 命名空间

也就是说ADO.NET定义了一组数据库访问的标准接口，各DBMS生产厂商根据此标准开发了对应的.NET Data Provide，形成了一套.NET Framework架构，编程人员只要学会ADO.NET提供对象的模型便可轻易访问所支持的.NET Data Provide数据源，凡是能够通过ODBC或OLEDB接口访问的数据库都可以通过ADO.NET访问。

无论使用什么样的Data Provider，开发人员将使用相似的对象与数据源进行交互。Connection对象管理与数据源的连接。Command对象用于与数据源交流并发送命令。DataReader提供快速的只"向前"读取数据。如果想一次将使用的数据全部取出，然后断开数据源连接，以便其他更多应用程序高效地使用连接资源，可以使用DataAdapter对象将数据取出来，并填充到本地内存的DataSet中，并通过DataAdapter的子对象SelectCommand、InsertCommand、UpdateCommand和DeleteCommand与数据库进行交互。各个对象之间的关系如图9-1所示。SQL Server数据提供程序对应的各对象名前面都带Sql前缀，分别是SqlConnection对象、SqlCommand对象、SqlDataReader对象和SqlDataAdapter对象。

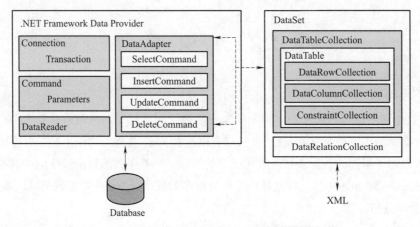

图 9-1   .NET Framework 数据访问架构

9.2.2　ADO.NET基本对象的使用

1. Connection对象

Connection对象用于应用程序与数据源之间建立连接。需要指明数据库服务器名称、数据库名字、用户名、密码以及连接数据库所需要的其他参数。

1）定义连接字符串

一般先定义好数据库连接字符串，然后使用连接字符串创建Connection对象。定义连接字符串是重点，它决定了数据库是否能够正常访问。连接字符串一般格式为：

```
Server=服务器名;Database=数据库名;uid=用户名;pwd=密码
```

或者

```
Data Source=服务器名;Initial Catalog=数据库名;User ID=用户名;Pwd=密码
```

由于 SQL Server 数据库管理系统有两种登录验证方式，即 Windows 身份验证和 SQL Server 身份验证，所以连接字符串也有两种方式。

（1）Windows 验证方式。该方式不用验证用户名和密码，比较简单，格式如下：

```
String strCon="Data Source=服务器名或地址;Initial Catalog=数据库名;Integrated
Security=True"
```

其中，Integrated Security=True 表示采用可信任连接方式，即能够登录数据库所在的 Windows 系统的用户就是可信任用户，不需要再输入用户名和密码。Initial Catalog 也可以写成 DataBase，它们是同义词。

（2）SQL Server 验证方式。需要明确指出使用数据库的用户名和密码，格式如下：

```
String strCon="Data Source=服务器名或地址;Initial Catalog=数据库名; User ID=
用户名;Password=密码"
```

其中，Initial Catalog 可以写成 DataBase，User ID 可以写成 UID，Password 可以写成 PWD，且不区分大小写，各部分之间用半角分号分隔，不区分先后顺序。

2）创建 SqlConnection 对象

```
SqlConnection 连接对象名 = new SqlConnection(连接字符串);
```

或

```
SqlConnection 连接对象名 = new SqlConnection();
连接对象名.ConnectionString = 连接字符串;
```

2. Command 对象

成功建立数据连接后，就可以用 Command 对象来执行查询、修改、插入、删除等命令。与数据库交互时，通过 Command 对象发送需要执行的 SQL 操作语句给数据库。Command 对象使用 Connection 对象指出与哪个数据源进行连接。

创建 SqlCommand 对象：

```
SqlCommand 命令对象名 = new SqlCommand("SQL字符串", 连接对象名);
```

或

```
SqlCommand 命令对象名 = new SqlCommand();          //创建一个空的命令对象
命令对象名.Connection = 连接对象名;                //设置连接对象
命令对象名.CommandText = "SQL字符串";              //定义要执行的SQL语句
```

或

```
SqlCommand 命令对象名 =连接对象名.CreateCommand(); //使用SqlCommand对象执行SQL命令
```

Command 对象常用的方法如表 9-2 所示。

表9-2　Command 对象常用的方法

常用方法	说　明
ExecuteReader()	执行查询，将CommandText属性发送到Connection 对象，并生成一个DataReader对象
ExecuteScalar()	执行查询，返回结果集中第一行的第一列或空引用（如果结果集为空）
ExecuteNonQuery()	执行删除、更新、插入等操作，返回一个INT类型的值，即语句执行后在数据库中所影响的行数
ExecuteXmlReader()	用于XML操作，返回一个XmlReader对象，由于系统默认没有引用System.Xml命名空间，因此在使用前必须先引入

3. DataReader 对象

DataReader 对象用来获取从Command 对象的SELECT 语句得到的结果。考虑性能的因素，从DataReader 返回的数据都是快速的且只是"向前"的数据流。只能按照一定的顺序从数据流中取出数据。该对象每次只从数据库中读取一条记录，不占用内存来存储读取的每一条记录，读取速度快，但在读取数据期间不能关闭与数据库的连接。

创建SqlDataReader 对象的语法格式如下：

```
SqlDataReader 数据阅读器对象名 = 命令对象名.ExecuteReader();
```

SqlDataReader 对象常用方法如表9-3所示。

表9-3　SqlDataReader 对象常用方法

方　法	说　明
Read()	使DataReader 对象前进到下一条记录（如果有）
Close()	关闭DataReader 对象。注意，关闭阅读器对象并不会自动关闭底层连接
GetName()	取得字段的名称
GetValue()	取得字段的值
IsNull()	判断字段是否为NULL 值

4. DataAdapter 对象

DataReader 对象每次只从数据库中读取一条记录，DataAdapter 对象可以将整个查询结果都放到内存中，以此来减少数据库调用的次数。DataAdapter 可以一次将所需数据全部读取出来通过Fill 方法填充到本地DataSet 中，然后就可以断开和数据库的连接，通过断开模型完成对查询结果记录集的处理，也可使用Update 方法将修改后的数据更新到数据库中。DataAdapter 对象的创建方法如下：

```
SqlDataAdapter DataAdapter对象名=new SqlDataAdapter(Select查询字符串,
        SqlConnection对象名);
```

5. DataSet 对象

DataSet 对象是数据在内存中的表示形式。它包括多个DataTable 对象，而DataTable 包含行和列，就像一个普通的数据库中的表。用户甚至能够定义表之间的关系来创建主从关系（parent-child relationships）。DataSet 主要用来帮助管理内存中的数据并支持对数据的断开操作。利用 DataAdapter 向对象 DataSet 中填充数据的语法格式如下：

```
DataAdapter 对象名.Fill(DataSet对象名,数据表名);
```

如果省略数据表名，则自动填充到序号为 0 的表中。

9.2.3　ADO.NET 工作流程

使用 .NET Framework 数据提供程序的连接模式的对象访问数据库的方式有两种：一种是使用 DataReader 对象操作数据库；另一种是使用 DataAdapter 和 DataSet 对象操作数据库。

1. 使用 DataReader 对象操作数据库

具体操作步骤如下：

（1）使用 Connection 对象建立与数据库的连接。

（2）使用 Command 对象执行 SQL 命令，向数据库索取数据。

（3）使用 DataReader 对象读取 Command 对象取得的数据。

（4）利用 Web 控件以及相应的数据绑定方法，将 DataReader 对象提取的数据显示出来。

（5）完成读取操作后，关闭 DataReader 对象。

（6）关闭 Connection 对象。

2. 使用 DataAdapter 和 DataSet 对象操作数据库

具体操作步骤如下：

（1）使用 Connection 对象建立与数据库的连接。

（2）利用数据库连接对象和 SELECT 语句创建 DataAdapter 对象。

（3）通过 DataAdapter 对象用 SELECT 语句从数据库中取数据。

（4）使用 CommandBuilder 对象为 DataAdapter 对象自动生成更新命令。

（5）创建 DataSet 对象，使用 DataAdapter 对象的 Fill 方法把查询结果存放在 DataSet 对象的 DataTable 对象中。

（6）使用 DataTable 的 NEWROW() 方法创建一个新行，并为新行的各个字段赋值。

（7）通过 DataTable 对象的 Rows 属性使用 ADD() 方法将新行对象添加到 DataTable 中。

（8）调用 DataAdapter 对象的 UPDATE 方法将 DataTable 中的修改更新到数据库中。

9.3　实　验　内　容

9.3.1　使用 ADO.NET 访问数据库

（1）创建一个 ASP.NET 应用程序，实现按团员编号、团员姓名、线路编号或开团编号等多种方式查询团员信息。

① 启动 Microsoft Visual Studio 2012，选择"文件"→"新建"→"项目"命令，弹出"新建项目"对话框，选择"ASP.NET Web 窗体应用程序"选项，为项目命名，设置保存位置后单击"确定"按钮，如图 9-2 所示。

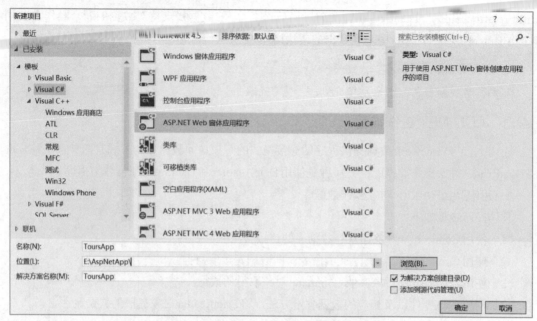

图 9-2　创建 ASP.NET Web 窗体应用程序

② 将创建一个默认名称为"Default.aspx"的 Web 页面，其后台代码文件是一个名称为"Default.aspx.cs"的 C#文件，如图 9-3 所示。

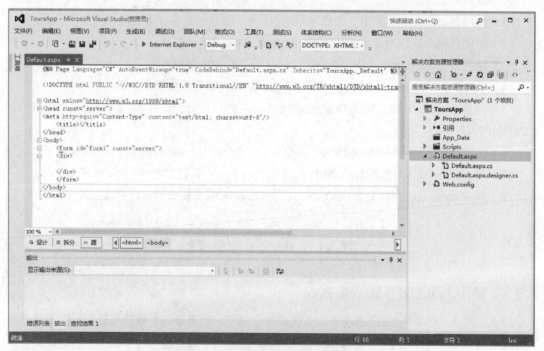

图 9-3　ASP.NET Web 窗体应用程序

③ 切换到设计视图，创建一个查询团员信息的界面，并将页面文件重命名为MembersQuare.aspx,并添加 RadioButtonList、TextBox、Button、GridView 等组件，并设置相关

属性，完成页面设计，如图9-4所示。

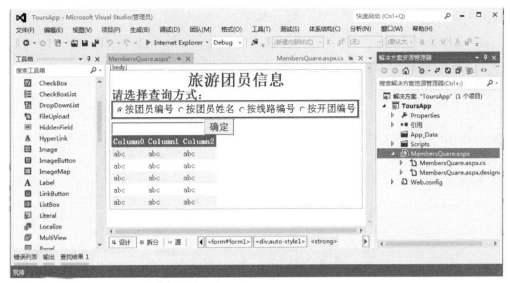

图9-4　旅游团员信息查询界面

页面中各组件的属性见页面文件的源码视图，如图9-5所示。

图9-5　旅游团员信息查询界面源码视图

④ 数据库访问代码编写。ASP.NET采用的是页面文件与业务逻辑代码相分离的模式，对应页面逻辑程序代码放在页面文件名加.cs扩展名的C#文件中。在设计视图中，双击图9-4中的"确定"按钮会切换到MembersQuare.aspx.cs代码文件中，并自动创建一个空的btnQuare_Click事件处理程序，这里btnQuare为"确定"按钮的ID名。

• 引入SqlClient命名空间。为了使用SQL Server数据提供程序，由类SQL可知，需要先引入SqlClient命名空间，方法是在C#程序的开始输入以下代码：

```
using System.Data;
using System.Data.SqlClient;
```

• 定义连接数据库的字符串。此处以第一种方式为例，连接字符串定义如下：

```
String strCon = "Data Source=CONRADLIU-3214\\MSSQLOSERVER; Initial
Catalog =Tours; Integrated Security=True";
```

此处CONRADLIU-3214为计算机名称，MSSQLOSERVER为SQL Server服务器名。"\"要使用转义字符"\\"代替。

在页面视图中双击"确定"按钮，在MembersQuare.aspx.cs代码文件中自动创建的btnQuare_Click单击事件代码中添加查询程序代码，完整代码如下：

```
protected void btnQuare_Click(object sender, EventArgs e){
    String strSql = "SELECT Member * FROM Member ";        //定义查询字符串
    String strCon = "Data Source=CONRADLIU-3214\\MSSQLOSERVER; Initial Cata
log= Tours;Integrated Security=True";   //定义连接字符串，此处采用Windows认证方式
    SqlConnection conn=new SqlConnection(strCon);            //创建连接对象
    if (TextBox1.Text.Trim() != "")
    {
        switch (RadioButtonList1.SelectedItem.Text.Trim())
        {                                     //根据不同查询选项拼凑SQL语句
            case "按团员编号":
                strSql += "WHERE Mno='" + TextBox1.Text + "'";
                break;
            case "按团员姓名":
                strSql += "WHERE Mname='" + TextBox1.Text + "'";
                break;
            case "按线路编号":
                strSql += ", Booking, Plans, Route WHERE Route.Rno='"
                 + TextBox1.Text
                 + "' AND Member.Mno=Booking.Mno AND
                 Booking.Pno=Plans.Pno AND Plans.Rno=Route.Rno";
                break;
            case "按开团编号":
                strSql += ", Booking, Plans WHERE Plans.Pno='"
                 + TextBox1.Text
                 + "' AND Member.Mno=Booking.Mno AND Booking.Pno=Plans.Pno";
                break;
        }
    }
    SqlCommand cmd = new SqlCommand(strSql, conn);     //创建Command对象
    conn.Open();                                       //打开数据库
```

```
SqlDataReader sdr = cmd.ExecuteReader();    //执行SQL命令，并返回
                                            //DataReader对象
//将DataReader对象设置为GridView1数据显示控件的数据源
this.GridView1.DataSource = sdr;
GridView1.DataBind();                       //绑定数据源
conn.Close();                               //使用完后断开数据库连接
}
```

运行结果如图9-6和图9-7所示，完整C#代码程序如图9-8所示。

图 9-6　按团员编号查询

图 9-7　按线路编号查询

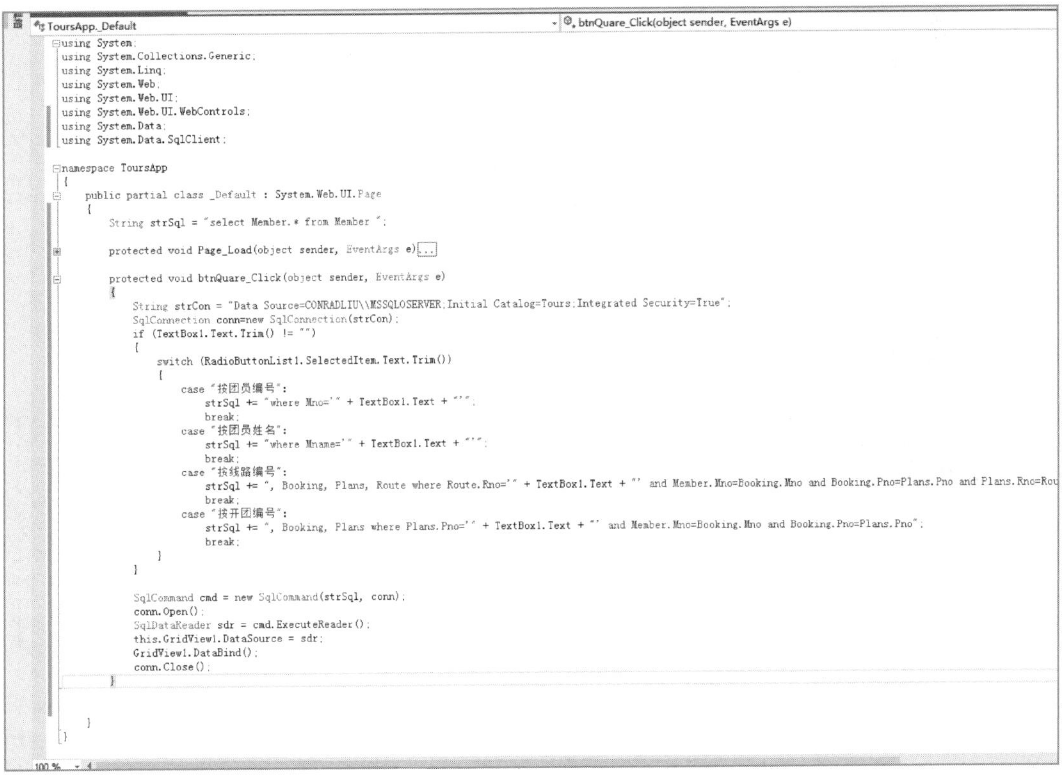

图 9-8　查询旅游团员信息完整代码

（2）添加一个ASP.NET页面，实现添加团员信息。

① 右击解决方案资源管理器中的项目名称"ToursApp"，在弹出的快捷菜单中选择"添

加"→"Web 窗体"命令，如图9-9所示，弹出"指定项名称"对话框中输入"AddMembers"后，单击"确定"按钮，即可创建一个"AddMembers.aspx"Web 窗体页面。

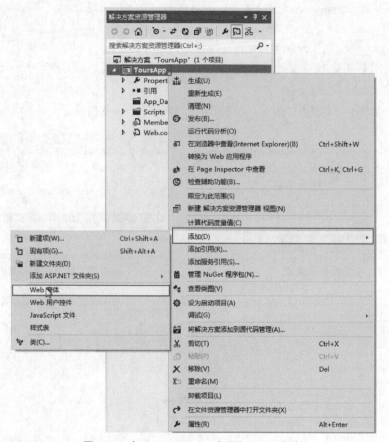

图 9-9　在 Visual Studio 中添加 Web 窗体

"AddMembers.aspx"Web 窗体界面设计如图9-10所示。

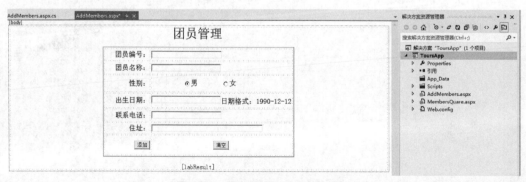

图 9-10　添加团员 Web 窗体页面

②双击"添加"按钮，在 AddMembers.aspx.cs 中，自动生成 btnAdd_Click 事件，按上面类似的方式引入 SqlClient 命名空间，定义连接字符串，然后创建 SQLConnection 对象和 SQLCommand 对象，并执行 SQL 命令，详细代码如下：

```
protected void btnAdd_Click(object sender, EventArgs e) {
    String strCon = "Data Source=CONRADLIU-3214\\MSSQLOSERVER;Initial
    Catalog=Tours;User ID=sa;Password=123456";//此处采用SQL Server认证方式
    //将输入的信息拼接成SQL语句字符串，注意半角标点符号及必需的空格字符
    String strSql = "INSERT INTO Member(Mno,Mname,Msex, Mbirth, Mtel, Mad
dress) values('"
                            + txtMno.Text + "','"
                            + txtMname.Text + "','"
                            + rblSex.SelectedItem.Text + "','"
                            + txtBirth.Text + "','"
                            + txtTel.Text + "','"
                            + txtAddress.Text + "')";
    SqlConnection con = new SqlConnection(strCon);
    SqlCommand cmd = new SqlCommand(strSql, con);
    con.Open();
    if (txtMno.Text.Trim() != "")
        if (cmd.ExecuteNonQuery()>0) // ExecuteNonQuery()返回影响的行数
        { //插入成功后，清空文本框中内容，以便于可以继续添加新成员信息
            labResult.Text = "添加成功";
            txtMno.Text="";
            txtMname.Text="";
            txtBirth.Text="";
            txtTel.Text="";
            txtAddress.Text="";
            rblSex.Items[0].Selected=true;
        }
        else
            labResult.Text = "";
    con.Close();
}
```

运行结果如图9-11所示。

图 9-11　添加团员

上述代码中，采用的是SQL Server认证方式，连接字符串中中需采用明明用户名和密码：

```
Data Source="CONRADLIU-3214\\MSSQLOSERVER;Initial Catalog=Tours; User ID=sa;
     Password = 123456";
```

完整程序如图9-12所示。

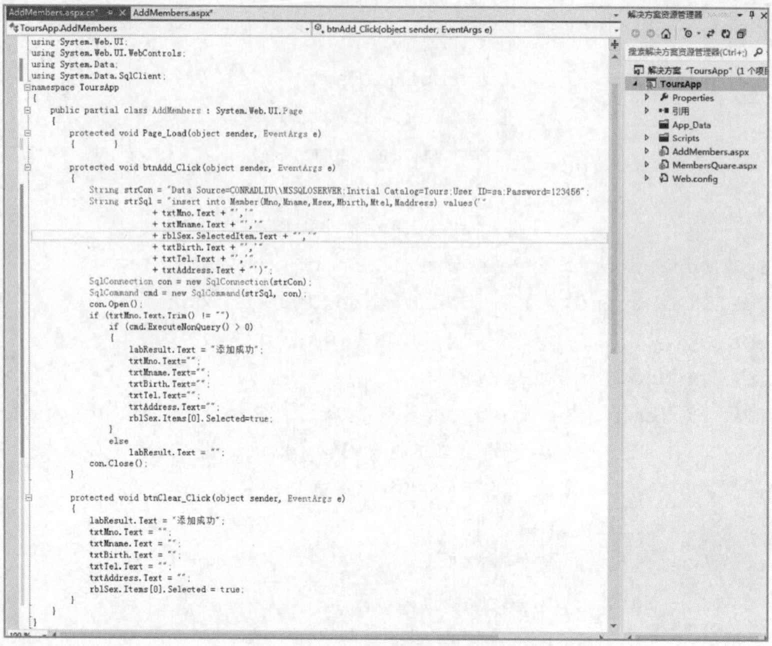

图9-12　添加团员代码视图

修改团员信息功能的实现与添加类似，只是将SQL命令字符串修改成UPDATE语句，执行时还是通过command对象调用ExecuteNonQuery()方法，并且，修改时不能修改主键。删除团员信息界面比较简单，和查询类似，只需要输入删除条件。也是通过command对象调用ExecuteNonQuery()方法实现。此处不再详述。

9.3.2　使用DataAdapter对象访问数据库

1. 查询所有线路详细信息

（1）创建ManageRoute.aspx页面，如图9-13所示。

图9-13　线路管理设计页面

（2）页面装入时在GridView控件中显示线路信息，代码如下：

```
protected void Page_Load(object sender, EventArgs e) {
    String strSql = "SELECT Rno AS 线路编号,Rname AS 线路名称,Rday AS 旅行天
数,Rprice AS 价格,Rdetails AS 线路介绍 FROM route";       //定义SQL查询字符串
    String strCon = "Data Source=CONRADLIU\\MSSQLOSERVER;Initial Cata
log=Tours;Integrated Security=True";   //定义数据库连接字符串
    SqlConnection conn = new SqlConnection(strCon);   //创建Connection对象
    SqlDataAdapter sda = new SqlDataAdapter(strSql, strCon);
                                 //创建DataAdapter对象
    DataSet ds = new DataSet();       //创建DataSet对象
    sda.Fill(ds, "router");   //使用DataAdapter对象将数据填充到DataSet对象中的router表中
    gdvRoute.DataSource = ds;         //将DataSet对象作为GridView控件的数据源
    gdvRoute.DataBind();              //GridView控件与数据源绑定
}
```

运行后显示效果如图9-14所示。

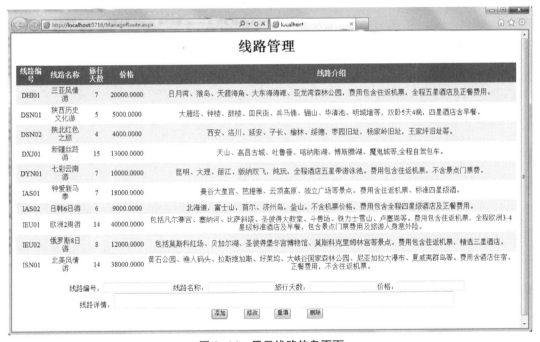

图9-14　显示线路信息页面

2. 添加线路信息

为ManageRoute.aspx页面中的"添加"按钮添加单击事件代码如下：

```
protected void btnInsert_Click(object sender, EventArgs e) {
    String strSql = "SELECT Rno AS 线路编号,Rname AS 线路名称,Rday AS 旅行天
数,Rprice AS 价格,Rdetails AS 线路介绍 FROM route"; //定义SQL查询字符串
    String strCon = "Data Source=CONRADLIU\\MSSQLOSERVER;Initial Cata
    log=Tours;Integrated Security=True";              //定义数据库连接字符串
```

```
SqlConnection conn = new SqlConnection(strCon);    //创建Connection对象
SqlDataAdapter sda = new SqlDataAdapter(strSql, strCon);
                                                    //创建DataAdapter对象
DataSet ds = new DataSet();                         //创建DataSet对象
SqlCommandBuilder scb = new SqlCommandBuilder(sda);//创建CommandBuilder
sda.Fill(ds, "router");//使用DataAdapter对象将数据填充到DataSet对象中的router表中
DataRow drow = ds.Tables["router"].NewRow();       //在DataSet的router表中创建
                                                    //一新行对象
if (txtRno.Text != "")                              //线路编号主键不能取空值
{
    drow["线路编号"] = txtRno.Text;  //获取线路编号，注意DataSet中字段用的别名
    drow["线路名称"] = txtRname.Text;           //获取输入的线路名称
    drow["旅行天数"] = txtRday.Text;            //获取输入的旅行天数
    drow["价格"] = txtRprice.Text;              //获取输入的价格
    drow["线路介绍"] = txtDetail.Text;          //获取输入的线路信息
}
ds.Tables["router"].Rows.Add(drow);//将新行对象添加到DataSet的router表中
gdvRoute.DataSource=ds.Tables["router"];        //在GridView中显示添加记录后的结果
gdvRoute.DataBind();
sda.Update(ds, "router");                //将DataSet中数据变化更新到数据库中
conn.Close();
//清空文本控件中所填内容
txtDetail.Text = txtRday.Text = txtRname.Text = txtRno.Text = txtR
price.Text = "";
}
```

运行并添加一条DSS01线路信息后，如图9-15所示。

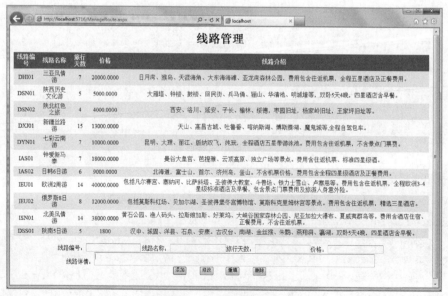

图9-15 更新线路信息页面

9.4　实　验　任　务

1. 安装 Microsoft Visual Studio 2012 软件，熟悉 ASP.NET 开发环境。

2. 新建一个 ASP.NET Web 窗体页面，使用 ADO.NET 连接 "ENTERPRISE" 数据库，并在页面上显示 Employee 表中信息。

3. 添加一个 ASP.NET Web 窗体页面，使用 ADO.NET 连接 "ENTERPRISE" 数据库，实现通过输入部门号来查询 Departments 表中的部门信息。

9.5　思　考　题

1. ADO.NET 中的 Connection 对象、Command 对象、DataReader 对象各自的功能是什么？如果应用程序连接的数据库服务器不在本地（和应用程序在不同的服务器上），连接字符串该如何写？

2. Connection 对象、Command 对象、DataReader 对象与 SqlConnection 对象、SqlCommand 对象、SqlDataReader 对象有什么不同？

3. 简述 ADO.NET 与 ODBC 或 OLE DB 的区别。

第 10 章

数据库备份与恢复

10.1 实 验 目 的

1. 理解数据库备份和恢复的原理。
2. 掌握数据库完整备份和从完整备份恢复的方法。
3. 掌握数据库差异备份和从差异备份恢复的方法。
4. 掌握数据库事务日志备份和从事务日志备份恢复的方法。

10.2 知 识 要 点

数据库的备份和恢复是数据库管理员维护数据库安全性和完整性必不可少的操作，合理地进行备份和恢复可以将可预见的和不可预见的问题对数据库造成的损害降到最低。当运行 SQL Server 的服务器出现故障，或数据库遭到某种程度的破坏时，可以利用以前对数据库所做的备份恢复数据库。

10.2.1 数据库备份

由于自然的或人为的原因（如服务器崩溃、存储介质故障、用户无意或恶意地对数据库执行非法操作等），数据库不可避免地会出现故障或遭到损坏。所以在故障发生之前应该做好充分的备份工作，以便在意外发生之后能够尽快恢复数据库的运行。

1. 设备备份

数据库备份设备是指用来存储备份数据的存储介质，常用的备份设备类型包括磁盘、磁带和命名管道。

（1）磁盘：以硬盘或其他磁盘类设备为存储介质。磁盘备份设备可以存储在本地机器上，也可以存储在网络的远程磁盘上。如果数据备份存储在本地机器上，在由于存储介质故障或服务器崩溃而造成数据丢失的情况下，备份就没有意义了。因此，要及时将备份文件复制到远程磁盘上。

（2）磁带：使用磁带作为存储介质，必须将磁带物理地安装在运行 SQL Server 的计算机上，磁带备份不支持网络远程备份。在 SQL Server 的以后版本中将不再支持磁带备份设备。

（3）命名管道：微软专门为第三方软件供应商提供的一种备份和恢复方式。如果要将数据库备份到命名管道设备上，必须提供管道名。

2. 备份命名方式

对数据库进行备份时，备份设备可以采用物理设备名称和逻辑设备名称两种方式。

（1）物理设备名称：即操作系统文件名，直接采用备份文件在磁盘上以文件方式存储的完整路径名，例如 D:\backup\data_ full. bak。

（2）逻辑设备名称：为物理备份设备指定的可选的逻辑别名。使用逻辑设备名称可以简化备份路径。

3. 数据库备份

数据库的备份分为完整备份、差异备份以及事务日志备份。

（1）完整备份是指备份整个数据库，不仅包括表、视图、存储过程和触发器等数据库对象，还包括能够恢复这些数据的足够的事务日志。完整备份的优点是操作比较简单，在恢复时只需要一步就可以将数据库恢复到以前的状态。完整备份是备份的基础，提供了任何其他备份的基准，其他备份只能在执行完整备份之后才能被执行。

（2）差异备份是指备份最近一次完整备份之后数据库发生改变的部分，最近一次完整备份称为"差异基准"。差异备份仅包含基准备份之后更改的数据区，差异备份执行速度更快，备份时间更短，可以相对频繁地进行，以降低数据丢失的风险。

（3）只对事务日志文件进行的备份称为事务日志备份。事务日志备份中包括了在前一个日志备份中没有备份的所有日志记录。只有在完整恢复模式和大容量日志恢复模式下才会有事务日志备份。

10.2.2　数据库恢复

数据库恢复是指将数据库备份加载到系统中的过程。数据库备份后，一旦系统发生崩溃或执行了错误的数据库操作，就可以从备份文件中恢复数据库。SQL Server中包括三种恢复模式，分别是简单恢复模式、完整恢复模式和大容量日志恢复模式。

（1）简单恢复模式：只允许数据库恢复到上一次的备份。这种模式的备份策略由完整备份和差异备份组成。简单恢复模式能够提高磁盘的可用空间，但是该模式无法将数据库还原到故障点或者特定的时间点。

（2）完整恢复模式：此模式下完整地记录了所有事务，所有操作被写入日志，所以可以将数据库完全还原到特定时间点。

（3）大容量日志模式：大容量日志恢复模式是对完全恢复模式的补充，此模式简略地记录大多数大容量操作，如索引创建和大容量加载等，完整地记录其他事务。

‖ 10.3　实　验　内　容

10.3.1　备份数据库

1. 创建备份设备

为"Tours"数据库建立备份设备，设备的逻辑名为"TOURBACK"，物理名为

"D:\backup\ TOURBACK.bak"。

（1）启动OOMS，在"对象资源管理器"窗格中展开"服务器对象"，选择"备份设备"。

（2）右击"备份设备"，在弹出的快捷菜单中选择"新建备份设备"命令，如图10-1所示。

图 10-1　选择"备份数据库"命令

（3）在"备份设备"窗口中设置备份设备名称为"TOURBACK"，目标选择文件，并设置存储路径为D:\backup\ TOURBACK.bak，完成备份设备的建立，如图10-2所示。

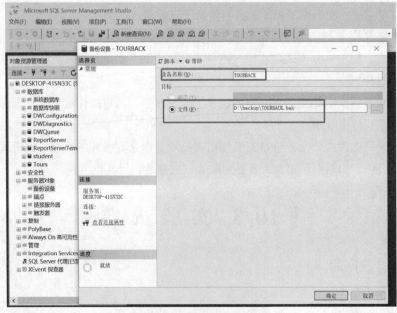

图 10-2　"备份设备"窗口

（4）刷新"服务器对象"，单击"备份设备"结点，即可看到备份设备"TOURBACK"，如图10-3所示。

图 10-3　查看"备份设备"窗口

2. 创建完整备份

使用 SSMS 为"Tours"数据库创建完整备份。

（1）在"对象资源管理器"窗格中展开"数据库"节点，选择"Tours"数据库。

（2）右击"Tours"数据库，在弹出的快捷菜单中选择"任务"→"备份"命令，打开"备份数据库"窗口，如图10-4所示。

图 10-4　选择备份数据库

（3）在"备份数据库"窗口的"常规"选项卡中，选择"备份类型"为"完整"，如图10-5所示。

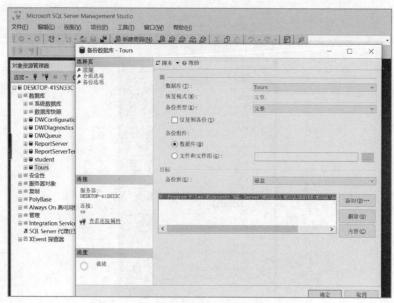

图10-5 "备份数据库"的"常规"选项卡

（4）在"备份选项"选项卡中，选择备份集过期时间为晚于"40 天"，添加备份设备"TOURBACK"，如图10-6所示。

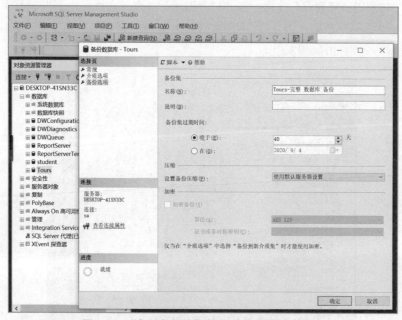

图10-6 "备份数据库"的"备份选项"选项卡

（5）在"备份数据库"窗口的"介质选项"选项卡中，选择"覆盖介质"为"覆盖所有现有备份集"，如图10-7所示，单击"确定"按钮，完成完整备份。

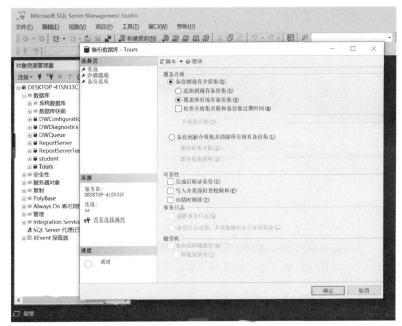

图 10-7 "备份数据库"的"介质选项"选项卡

3. 创建差异备份

在"Tours"数据库中创建两个表,一个表为Ro_Tours,存储"Route"表中经常使用的线路的信息;一个表为1_Route,存储所有线路,此时可以对"Tours"数据库中的数据进行差异备份。

(1)查看两个表中记录,查询结果如图10-8和图10-9所示。

	Rno	Rname	Rday	Rprice	Rintroduction
1	DHI01	三亚风情游	7	20000.00	日月湾、猴岛、天涯海角、大东海海滩、亚龙湾森林公园,费用包含往返机票,全程五星级酒店及正餐费用
2	DSN01	陕西历史文化游	5	5000.00	大雁塔、钟楼、鼓楼、回民街、兵马俑、骊山、华清池、明城墙等,双卧5天4晚,四星酒店含早餐
3	DSN02	陕北红色之旅	4	4000.00	西安、洛川、延安、子长、榆林、绥德,枣园旧址,杨家岭旧址,王家坪旧址等
4	ISA02	日韩6日游	6	9000.00	北海道、富士山、首尔、济州岛、釜山。不含机票价格,费用包含全程四星级酒店及正餐费用。

图 10-8 表 Ro_Tours 中记录

	Rno	Rname	Rday	Rprice	Rdetails
1	DHI01	三亚风情游	7	20000.00	日月湾、猴岛、天涯海角、大东海海滩、亚龙湾森林公园,费用包含往返机票,全程五星酒店及正餐费用。
2	DSN01	陕西历史文化游	5	5000.00	大雁塔、钟楼、鼓楼、回民街、兵马俑、骊山、华清池、明城墙等,双卧5天4晚,四星酒店含早餐
3	DSN02	陕北红色之旅	4	4000.00	西安、洛川、延安、子长、榆林、绥德,枣园旧址,杨家岭旧址,王家坪坪址等
4	DXJ01	新疆丝路游	15	1300.00	天山、高昌古城、吐鲁番、喀纳斯湖、博斯腾湖、魔鬼城等,全程自驾车。
5	DYN01	七彩云南	8	10000.00	昆明、大理、丽江、香格里拉、纯玩,全程西南五星带游泳池,费用包含往返机票,不含景点门票费。
6	IAS01	钟爱新马泰	8	18000.00	曼谷大皇宫、芭提雅、云顶高原、独立广场等景点,费用含往返机票、标准四星级酒店。
7	IAS02	日韩六日游	6	9000.00	北海道、富士山、首尔、济州岛、釜山。不含机票价格,费用包含四星级酒店及正餐费用。
8	IEU01	欧洲2周游	14	40000.00	包含凡赛尔宫、塞纳河、比萨斜塔、圣彼得堡大教堂、斗兽场、铁力士雪山、卢塞恩等,费用包含往返机票,…
9	IEU02	俄罗斯8日游	8	8000.00	包含莫斯科红场、贝加尔湖、冬宫博物馆、夏宫等景点,费用包含往返机票,精选三星…
10	ISN01	北美风情游	14	38000.00	黄石公园、渔人码头、拉斯维加斯、好莱坞、大峡谷国家森林公园、尼加拉大瀑布、夏威夷群岛等,费用包含…

图 10-9 表 1_Route 中记录

(2)在"对象资源管理器"窗格中展开"数据库"节点,选择"Tours"数据库。

(3)右击"Tours"数据库,在弹出的快捷菜单中选择"任务"→"备份"命令,打开"备份数据库"窗口。

(4)在"备份数据库"窗口的"常规"选项卡中选择"备份类型"为"差异",如图10-10所示。

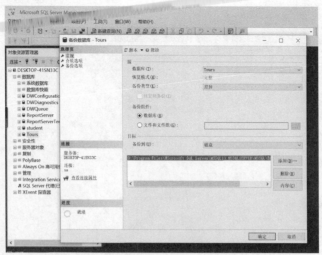

图 10-10 "备份数据库"窗口的"常规"选项卡

（5）在"备份数据库"窗口的"介质选项"选项卡中，选择"覆盖介质"为"追加到现在设备集"，如图 10-11 所示，单击"确定"按钮，完成差异备份。

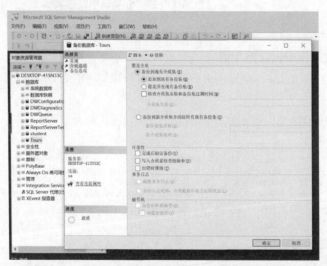

图 10-11 "备份数据库"窗口的"介质选项"选项卡

4. 创建事务日志备份

对"Tours"数据库进行事务日志备份。

（1）在"对象资源管理器"窗格中展开"数据库"节点，选择"Tours"数据库。

（2）右击"Tours"数据库，在弹出的快捷菜单中选择"任务"→"备份"命令，打开"备份数据库"窗口。

（3）在"备份数据库"窗口的"常规"选项卡中选择"备份类型"为"事务日志"，如图 10-12 所示。

（4）在"备份数据库"窗口的"介质选项"选项卡中选择"覆盖介质"为"追加到现有设备集"，选择"事务日志"为"截断事务日志"，如图 10-13 所示，单击"确定"按钮，完成差异备份。

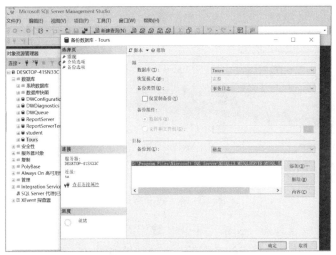

图 10-12　设置事务日志备份的"常规"选项卡

图 10-13　设置事务日志备份的"介质选项"选项卡

10.3.2　数据库还原

在"Tours"数据库中，由于操作失误，删除了 Booking、Member 表中数据，现在想恢复表中数据。

（1）在"对象资源管理器"窗格中展开"数据库"节点，选择"Tours"数据库。

（2）右击"Tours"数据库，在弹出的快捷菜单中选择"任务"→"还原"→"数据库"命令（见图 10-14），打开"还原数据库"窗口。

（3）在"还原数据库"窗口的"常规"选项卡中，选择"源数据库"为"Tours"，选择要还原的设备集为完整备份和差异备份。

（4）在"还原数据库"窗口的"选项"选项卡中，选择"还原选项"为"覆盖现有数据库"，单击"确定"按钮，完成数据库还原。

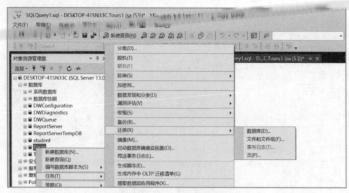

图 10-14　还原数据库

（5）在"对象资源管理器"窗格中展开"数据库"节点，选择"Tours"数据库，查看 Member 和 Booking 表中数据，是否已经恢复，查询结果如图 10-15 和图 10-16 所示。

	Mno	Mname	Msex	Mbirth	Mtel	Maddress
1	M001	符柳欣	女	1983-05-21	1236789	陕西西安
2	M002	许梦凡	女	1967-10-22	123456789	北京
3	M003	陈俊龙	男	1974-04-15	23456710	河南郑州
4	M004	陈燕	女	1986-03-10	345678912	四川成都
5	M005	吴乾柱	男	1978-06-08	13452678	湖北武汉
6	M006	周颖	女	1977-10-26	21346578	上海
7	M007	张凡	女	1994-07-08	12433465	浙江杭州
8	M008	刘天州	男	1987-10-09	21436587	江苏苏州
9	M009	林国媚	女	1990-06-16	98342156	广东广州
10	M010	李前进	男	1989-02-24	89675432	湖南长沙
11	M011	刘立	男	1980-05-31	43126578	安徽合肥

图 10-15　表 Member 记录

	Mno	Pno	Bnum
1	M001	P00001	2
2	M001	P00002	2
3	M001	P00003	4
4	M002	P00004	4
5	M003	P00005	2
6	M003	P00006	3
7	M004	P00007	2
8	M004	P00008	2
9	M005	P00009	3
10	M005	P00010	-3
11	M006	P00011	4
12	M006	P00012	1
13	M007	P00013	1
14	M007	P00014	1

图 10-16　表 Booking 记录

▌10.4　实验任务

1. 用完整备份方式备份"ENTERPRISE"数据库。

2. 用完整备份恢复"ENTERPRISE"数据库。

3. 用差异备份方式备份"ENTERPRISE"数据库。

4. 用差异备份恢复"ENTERPRISE"数据库。

5. 查看用完整备份文件、差异备份文件及事务日志备份文件还原数据库后的数据。

▌10.5　思　考　题

1. 简述三种备份方式的区别和联系。

2. 从数据库备份中如何恢复？

3. 某企业的数据库每周日晚 12 点进行一次全库备份，每天晚 12 点进行一次差异备份，每个小时进行一次日志备份，数据库在 2021 年 5 月 26 日（星期三）3:30 崩溃，应如何将其恢复使数据损失最小？

思考题参考答案

第1章

1. SQL Server 2016主要提供了哪些服务？启动或停止SQL Server服务的方法有哪些？

答：SQL Server 2016提供的服务包括数据库引擎、分析服务、集成服务、报表服务和主数据服务。

① 数据库引擎是SQL Server 2016系统的核心服务，负责完成数据的存储、处理和安全管理。② 分析服务提供了多维分析和数据挖掘功能，可以支持用户建立数据库和进行商业智能分析。③ 集成服务是一个用于生成高性能数据集成和工作流解决方案的平台，负责完成数据的提取、转换和加载等操作。④ 报表服务用于创建和发布报表及报表模型的图形工具和向导、管理Reporting Services的报表服务器管理工具，以及对Reporting Services对象模型进行编程和扩展的应用程序编程接口。⑤ 主数据服务是针对主数据管理的SQL Server解决方案，包括复制服务、服务代理、通知服务和全文检索服务等功能组件，共同构成完整的服务架构。

启动或停止SQL Server服务的方法：

方法1：后台启动服务。在控制面板中单击"服务"，找到SQL Server(MSSQLSERVER)并右击，在弹出的快捷菜单中选择"启动"或者"停止"命令。

方法2：SQL配置管理器启动服务。在开始菜单中单击SQL Server 2016配置管理器，在SQL Server服务中找到SQL Server(MSSQLSERVER)并右击，在弹出的快捷菜单中选择"启动"或者"停止"命令。

方法3：在DOS命令窗口使用命令启动和停止服务。

启动命令：net start mssqlserver。

停止命令：net stop mssqlserver。

2. 在SQL Server Management Studio中可以进行哪些常用操作？

答：SQL Server Management Studio（SSMS）简单直观，可以使用该工具访问、配置、控制、管理和开发SQL Server中的所有组件。

SSMS将早期版本中的企业管理器、查询分析器和Analysis Manager功能整合到单一环境中，使得SQL Server中所有组件能够协同工作，同时还对多样化的图形工具与多功能的脚本编辑器进行了整合，极大地方便了开发人员和管理人员对 SQL Server 的访问。

3．搜集 Microsoft 公司在发布 Microsoft SQL Server 2000、2005、2008、2012、2014 版本时的技术白皮书，研究和讨论 Microsoft SQL Server 系统功能的演变规律。

答：略。

第 2 章

1．数据文件和日志文件的作用是什么？

答：

（1）主要数据文件（Primary File）：用来存储数据库的数据和数据库的启动信息。每个数据库都必须有而且只能有一个主要数据文件，其扩展名为 .mdf。

（2）次要数据文件（Secondary File）：用来存储主要数据文件没有存储的其他数据，一个数据库可能会有多个次要数据文件，也可能一个都没有，其保存时的扩展名为 .ndf。当数据库很大时，使用次要数据文件可以扩展存储空间。

（3）事务日志文件（Transaction Log）：事务日志文件用来记录对数据库的操作信息，它把对数据库的所有操作事件均记载下来。当数据库发生故障时可以查看日志文件分析出错原因，当数据库被破坏时也可以利用事务日志文件恢复数据库的数据。每个数据库至少要有一个日志文件，日志文件的扩展名为 .ldf。

2．使用文件组有什么好处，每个数据库至少包括几个文件组？

答：数据库文件组用来管理和组织数据库中的数据文件，分为主文件组和用户定义文件组。使用文件组可以改善数据库的性能、加快数据库操作的速度，便于管理和数据分配。

每个数据库至少包括一个文件组。

3．数据库包括哪些数据库对象？各对象的主要作用是什么？

答：数据库包括的对象有：

（1）表和视图：表是在数据库中存放的实际关系，用来存储数据；视图是为了用户查询方便或根据数据安全的需要而建立的虚表。

（2）用户和角色：用户是数据库系统的合法使用者；角色是一个或多个用户组成的单元，角色又称职能组。

（3）索引：索引是用来加速数据访问和保证表的实体完整性的数据库对象。SQL Server 中的索引有群聚索引和非群聚索引两种。群聚索引会使表的物理顺序与索引顺序一致，一个表只能有一个群聚索引；非群聚索引与表的物理顺序无关，一个表可以建立多个非群聚索引。

（4）存储过程：存储过程是通过 T-SQL 编写的程序。存储过程包括系统存储过程和用户存储过程。系统存储过程是由 SQL Server 提供的，其过程名均以 SP 开头；用户存储过程是由用户编写的，它可以自动执行过程中安排的任务。

（5）触发器：触发器是一种特殊类型的存储过程，当表中发生特殊事件时执行，触发器主要用于保证数据的完整性。

（6）约束：约束规则用于加强数据完整性。

第 3 章

1. 设计表时主要考虑的因素有哪些？

答：

（1）主键的问题，每一行都需要一个绝不重复的标志作为主键。

（2）约束和规则，用于确保数据完整有效性，一旦定义了约束和规则，那么只有满足这些条件的数据才能添加到表中。

（3）外键关系。

（4）考虑是否使用索引，索引也是一种数据库对象，是加快对数据表中数据检索的一种手段，是提高数据库使用效率的一种重要方法。于是要在哪些列上使用索引，对哪些列不使用索引，是使用聚簇索引还是使用非聚簇索引，是否使用全文索引等，很多问题需要认真思考。

2. 设计表时可选择的约束有哪些？在"ENTERPRISE"数据库中，Employee 表的 PhoneNumber 字段，为了限制它的唯一性应该使用什么约束？

答：

（1）主键约束：主键用来保证表中每条记录的唯一性。

（2）外键约束：外键约束主要用于定义表与表之间的参照与被参照关系。

（3）非空约束：如果在一个字段中必须输入数据，则该字段非空约束定义为 not null。

（4）唯一性约束：如果一个字段值不允许重复，则应当对该字段添加唯一性约束 unique。

（5）默认约束：默认值字段用于指定一个字段的默认值。

（6)CHECK 约束：用于检查字段的输入值是否满足指定条件，在表中输入或者修改记录时，如果不符合约束指定的条件，则数据不能写入该字段。

在"ENTERPRISE"数据库中，Employee 表的 PhoneNumber 字段，为了限制它的唯一性可以设置唯一性约束 unique。

3. 如果要删除 Department 表中财务部或者研发部的信息记录，是否可以成功删除？为什么？

答：不可以，因为 Employee 表和 Department 表存在参照和被参照关系，即 Employee 表的 DepartmentID 属性参照 Department 表的 DepartmentID 属性。

4. 如果在 Employee 表中添加员工 EmployeeID 为 4 的记录，是否可以添加成功？为什么？

答：不可以，同理 Employee 表的 DepartmentID 属性参照 Department 表的 DepartmentID 属性，而 Department 表中没有 EmployeeID 为 4 的记录。

第 4 章

1. 列举出可以用不同 SQL 查询语句完成同一功能的实例。

答：查询选择了 'P00003' 的乘客姓名和编号。

方法一：用嵌套查询实现。

```
Select Mno,Mname
FROM Member
Where Mno IN
   (SELECT Mno
        FROM Booking
        WHERE Rno IN
                  (SELECT PNO
                       FROM Plans
                       WHERE Pno='P00003'
                  )
);
```

方法二：用连接查询实现。

```
SELECT Member.Mno,Mname
FROM   Member,Booking,Plans
WHERE Member.Mno=Booking.Mno AND
              Booking.Pno=Plans.Pno   AND
              Plans.Pno='P00003';
```

2．如何提高数据查询速度？

答：合理使用索引、查询优化技术、避免或简化排序、使用临时表加速查询、尽量不要用外连接、对于频繁使用的 SQL 语句建议用存储过程。

3．WHERE 子句与 HAVING 短语的区别是什么？

答：二者的作用对象不同。

WHERE 子句：在分组之前使用，从所有数据中筛选出部分数据，作用于基本表或视图，从中选择满足条件的一行或多行元组。

HAVING 短语：在分组之后使用，对分组统计后的数据执行再次过滤，作用于组，从中选择满足条件的组，这些组应该由 GROUP BY 短语来进行分组。

4．对于常用的查询形式和查询结果，怎样处理比较好？

答：可以建立视图方便查询、根据查询结果建立索引、建立相应的存储过程。

第 5 章

1．什么是索引？索引的作用有哪些？

答：

索引的定义：在关系数据库中，索引是一种单独的、物理的对数据库表中一列或多列的值进行排序的一种存储结构，它是某个表中一列或若干列值的集合和相应的指向表中物理标识这些值的数据页的逻辑指针清单。

索引的作用：①保证数据的准确性，唯一的索引值对应着唯一的数据；②加快检索速度；③提高系统性能。

2．哪些列上适合创建索引？哪些列上不适合创建索引？

答：

适合建索引：①主键自动建立唯一索引；②频繁作为查询条件的字段应该创建索引；

③查询中与其他表关联的字段，外键关系建立索引；④频繁更新的字段不适合创建索引，因为每次更新不单单是更新了记录还会更新索引文件；⑤WHERE条件中用不到的字段不创建索引；⑥单键/组合索引的选择问题，who?（在高并发下倾向创建组合索引）；⑦查询中排序的字段，排序字段若通过索引去访问将大大提高排序速度（索引干两件事：检索和排序）；⑧查询中统计或者分组字段。

不适合建索引：①表记录太少；②经常增删改的表的字段；③数据重复且分布平均的表字段，因此应该只为最经常查询和最经常排序的数据列建立索引，如果某个数据列包含许多重复的内容，为它建立索引就没太大的实际效果。

3．能不能为一个关系的每一列都设置为索引，为什么？

答： 不能。原因是：①创建索引和维护索引要耗费时间，这种时间随着数据量的增加而增加；②索引需要占物理空间，除了数据表占数据空间之外，每一个索引还要占一定的物理空间，如果要建立聚簇索引，那么需要的空间就会更大；③当对表中的数据进行增加、删除和修改时，索引也要动态维护，这样就降低了数据的维护速度。

4．什么是视图？为什么要使用视图？

答： 视图是数据库系统的一个重要机制。一个视图是从一个或多个关系（基本表或已有的视图）导出的关系。导出后，数据库中只存有此视图的定义在数据字典中，但并没有实际生成此关系。也就是说数据库中只存放视图的定义，而不存放视图对应的数据，这些数据仍存放在原来的基本表中。因此视图是虚表，它就像一个窗口，通过它可以看到数据库中自己感兴趣的数据及其变化。

视图的作用：①视图能够简化用户的操作；②视图使用能以多种角度看待同一数据；③视图对重构数据库提供了一定程度的逻辑独立性；④视图能够对机密数据提供安全保护；⑤适当的利用视图可以更新清晰的表达查询。

5．视图和表有什么区别和联系？

答：

区别：①视图是已经编译好的SQL语句，而表不是；②视图没有实际的物理记录，而表有；③表是内容，视图是窗口；④表只用物理空间而视图不占物理空间，视图只是逻辑概念的存在，表可以及时对它进行修改，但视图只能用创建的语句来修改；⑤表是内模式，视图是外模式；⑥视图是查看数据表的一种方法，可以查询数据表中某些字段构成的数据，只是一些SQL语句的集合。从安全的角度说，视图可以不给用户接触数据表，从而不知道表结构；⑦表属于全局模式中的表，是实表；视图属于局部模式的表，是虚表；⑧视图的建立和删除只影响视图本身，不影响对应的基本表。

联系：视图（view）是在基本表之上建立的表，它的结构（即所定义的列）和内容（即所有数据行）都来自基本表，它依据基本表的存在而存在。一个视图可以对应一个基本表，也可以对应多个基本表。视图是基本表的抽象和在逻辑意义上建立的新关系。

6．什么情况下可以成功地向视图中插入数据？

答：①使用INSERT语句向数据表中插入~~新的记录~~时，用户必须有插入数据的权利。②由于视图只引用~~表~~中的部分字段，所以通过视图插入数据时只能明确指定视图中引用的字段的取值。③而那些表中并未引用的字段，必须知道在没有指定取值的情况下如何填充数据，因此视图中未引用的字段必须具备下列条件之一：该字段允许空值；该字段设有默认值；该字段是标识字段，可根据标识种子和标识增量自动填充数据；该字段的数据类型为TIMESTAMP或UNIQUE-IDENTIFIER；视图中不能包含多个字段值的组合，或者包含使用统计函数的结果。④视图中不能包含DISTINCT或GROUP BY子句。⑤如果视图中使用了WITH CHECK OPTION，那么该子句将检查插入的数据是否符合视图定义中SELECT语句所设置的条件。如果插入的数据不符合该条件，SQL Server会拒绝插入数据。⑥不能在一个语句中对多个基础表使用数据修改语句。因此，如果要向一个引用了多个数据表的视图添加数据时，必须使用多个INSERT语句进行添加。

第6章

1. 数据库安全性和计算机系统的安全性有什么关系？

答：安全性问题不是数据库系统所独有的，所有计算机系统都有这个问题。只是在数据库系统中大量数据集中存放，而且为许多最终用户直接共享，从而使安全性问题更为突出。

系统安全保护措施是否有效是数据库系统的主要指标之一。

数据库的安全性和计算机系统的安全性，包括操作系统、网络系统的安全性是紧密联系、相互支持的。

2. 什么是数据库中的自主存取控制方法和强制存取控制方法？

答：

自主存取控制方法：定义各个用户对不同数据对象的存取权限。当用户对数据库访问时首先检查用户的存取权限。防止不合法用户对数据库的存取。

强制存取控制方法：每一个数据对象被（强制地）标以一定的密级，每一个用户也被（强制地）授予某一个级别的许可证。系统规定只有具有某一许可证级别的用户才能存取某一个密级的数据对象。

3. 简述实现数据库安全性控制的常用方法和技术。

答：实现数据库安全性控制的常用方法和技术有：①用户标识和鉴别。该方法由系统提供一定的方式让用户标识自己的名字或身份。每次用户要求进入系统时，由系统进行核对，通过鉴定后才提供系统的使用权。②存取控制。通过用户权限定义和合法权检查确保只有合法权限的用户访问数据库，所有未被授权的人员无法存取数据。③视图机制。为不同的用户定义视图，通过视图机制把要保密的数据对无权存取的用户隐藏起来，从而自动地对数据提供一定程度的安全保护。④审计。建立审计日志，把用户对数据库的所有操作自动记录下来放入审计日志中，DBA可以利用审计跟踪的信息，重现导致数据库现有状况的一系列事件，找出非法存取数据的人、时间和内容等。⑤数据加密：对存储和传输的数据进行加密处理，从而使得不知道解密算法的人无法获知数据的内容。

4. 试列举常见的数据库安全问题。

答：①数据泄露；②破损的数据库；③数据库备份被盗；④滥用数据库特性；⑤基础设施薄弱；⑥数据库中的违规行为等。

第7章

1. 什么是数据库的完整性？

答：

数据库完整性是指数据库中数据在逻辑上的一致性、正确性、有效性和相容性。数据库完整性由各种各样的完整性约束来保证，因此可以说数据库完整性设计就是数据库完整性约束的设计。数据库完整性约束可以通过DBMS或应用程序来实现，基于DBMS的完整性约束作为模式的一部分存入数据库中。通过DBMS实现的数据库完整性按照数据库设计步骤进行设计，而由应用软件实现的数据库完整性则纳入应用软件设计。

2. 数据库的完整性和数据库的安全性有什么区别和联系？

答：

联系：数据库的完整性和安全性都是对数据库中的数据进行控制。

区别：数据库的完整性是为了防止数据库中存在不符合语义的数据，防止错误信息的输入和输出。数据库安全性是保护数据库，防止恶意的破坏和非法的存取。安全性措施防范的对象是非法用户和非法操作，安全性措施防范的对象是不符合语义的数据。

3. 关系数据库管理系统的完整性控制机制应具有哪三个方面的功能？

答：DBMS的完整性控制应该具有三个方面的功能：

① 定义功能，即提供定义完整性约束条件的机制。

② 检查功能，即检查用户发出的操作请求是否违背了完整性约束条件。

③ 违约反应，如果发现用户的操作请求使数据库违背了完整性约束条件，则采取一定的动作来保证数据的完整性。

4. 如果在建立触发器时省略WHEN触发条件，则触发动作何时执行？

答：触发器被激活时，只有当触发条件为真，触发动作体才执行，否则触发动作体不执行。如果删除了WHEN触发条件，则触发动作体在触发器激活后立即执行。

5. 讨论并写出触发器与约束之间的区别和联系？

答：

联系：触发器实质上是一个特殊类型的存储过程，可以在执行某个操作时自动触发，约束与触发器都能够实现数据的一致性。

区别：触发器可以包含SQL代码的复杂处理逻辑。如果单从功能上来说，触发器可以实现约束的所有功能。但是由于自身的缺陷，并不是实现数据一致性的首选方案，在考虑数据一致性问题的解决方案上，首选约束来完成，如果约束完成不了，再考虑触发器。

6. 记录在实验过程中遇到的问题、解决的办法及心得体会。

答：略。

第8章

1. 什么是局部变量？什么是全局变量？

答： 全局变量是由系统提供并赋值的变量，用于存储系统的特定信息，作用范围并不局限于某一程序，而是任何程序均可随时调用。全局变量以@@开头。例如@@version。用户只能使用预先定义的全局变量，不能建立全局变量，也不能修改其值。

局部变量只在一个批处理或存储过程中使用，用来存储从表中查询到的数据，或当作程序执行过程中的暂存变量使用。在T-SQL中，需要先定义变量名，再指定变量的数据类型。局部变量使用DECLARE语句声明，以@开头。

2. 怎样给变量赋值？

答： 在T-SQL中使用SET和SELECT对局部变量进行赋值，赋值格式如下。

```
SET @变量名 = 值              --普通赋值
SELECT @变量名 = 值[,...]      --查询赋值
```

区别是SET用于普通赋值，一次只能给一个局部变量赋值，而SELECT用于查询赋值，可以同时给多个局部变量赋值。使用SELECT语句赋值时，若返回多个值，结果为返回的最后一个值。若省略"="及其后的表达式，可以将局部变量的值输出并显示。

3. 说明T-SQL中各种流程控制语句的语法和使用方法。

答： T-SQL中主要有5种流程控制语句，分别是：

① BEGIN ... END语句，用于将多个T-SQL语句组合成一个语句块，并将它们视为一个单元来处理。

② IF ... ELSE语句，用来判断当某一条件成立时执行某段程序，条件不成立时执行另一段程序。

③ CASE语句，用于计算条件列表，并将其中一个符合条件的结果表达式返回。

④ WHILE、CONTINUE和BREAK语句，用于设置重复执行T-SQL语句块的条件，当指定的条件为真时，重复执行语句。当条件不成立时，BREAK用于退出当前循环，如果有多层循环，将会退出到下一个外层循环，而CONTINUE会忽略其后面的任何语句，重新执行下一次WHILE循环。

⑤ GOTO语句可以使程序直接跳到指定的标有标识符的位置继续执行。

4. 存储过程存放在什么地方？存储过程在什么时候被编译？使用存储过程有哪些优点？

答： 存储过程存放在服务器上，为了提高代码的执行效率，存储过程在第一次执行时进行编译，然后将编译好的代码保存在高速缓存中便于以后调用。

使用存储过程的优点：①减少了服务器/客户端网络数据流量；②具有更强的安全性；③存储过程的代码可以重复使用，减少数据库开发人员的工作量。

5. 存储过程和函数有什么异同？

答： ① 含义不同。存储过程是SQL语句和可选控制流语句的预编译集合，以一个名称存储并作为一个单元处理。函数是由一个或多个SQL语句组成的子程序，可用于封装代码以便重新使用。

② 使用条件不同。可以在单个存储过程中执行一系列 SQL 语句，可以从自己的存储过程内引用其他存储过程。但函数在使用时有诸多限制，有许多语句不能使用，许多功能不能实现，比如，用户定义函数不能用于执行一组修改全局数据库状态的操作。

③ 执行方式不同。存储过程可以返回参数，如记录集，存储过程的参数有 in、out、inout 三种，存储过程声明时不需要返回类型。而函数只能返回值或者表对象，函数参数只有 in，而函数需要描述返回类型，且函数中必须包含一个有效的 return 语句。

6. 什么是游标？游标和存储过程有什么不同？

答：游标是一种能从包括多条数据记录的结果集中每次提取一条记录的机制。游标相当于指向结果记录集的指针，每次指向其中一行，提取完当前行后自动指向下一行。游标通常与一条 SELECT 查询语句相关联，应用程序可以通过它对查询结果集中的每一条记录进行操作。

存储过程主体构成是标准 SQL 命令，其中可以包含游标，存储过程一般一次返回一个记录集。

第 9 章

1. ADO.NET 中的 Connection 对象、Command 对象、DataReader 对象各自的功能是什么？如果应用程序连接的数据库服务器不在本地（和应用程序在不同的服务器上），连接字符串该如何写？

答：Connection 对象用于在应用程序与数据源之间建立连接。用户通过 Command 对象发送需要执行的 SQL 操作语句给数据库与数据库之间进行交互，通过 Connection 对象来控制与哪个数据源（哪个服务器中的哪个数据库）进行交互。DataReader 对象通过 Command 对象获取从 SELECT 语句得到的结果，并按照一定的顺序从数据流中取出数据。

当应用程序与数据库服务器不在同一台计算机上时，连接字符串中服务器名称要使用 IP 地址加端口号来代替，例如：

```
Data Source= 190.190.200.100, 1433; Network Library= DBMSSOCN; Initial
Catalog= myDataBase; User ID= myUsername; Password= myPassword;
```

其中，190.190.200.100 是数据库服务器的 IP 地址，1433 为 SQL Server 服务端口号。

2. Connection 对象、Command 对象、DataReader 对象与 SqlConnection 对象、SqlCommand 对象、SqlDataReader 对象有什么不同？

答：Connection 对象、Command 对象、DataReader 对象是 ADO.NET 中定义的一组与数据源进行交互的相关的公共方法，但是对于不同的数据源，各个数据库生产厂商根据这三个对象重新定义了一组不同的类库，这些类库称为 Data Providers，并且通常是以与之交互的协议和数据源的类型来命名的，SQL Server 数据库生产厂商提供了 SqlConnection 对象、SqlCommand 对象、SqlDataReader 对象来与应用程序之间进行交互。

3. 简述 ADO.NET 与 ODBC 或 OLE DB 的区别。

答：ODBC 是微软公司开放服务结构中有关数据库的一个组成部分，它建立了一组规范，并提供了一组对数据库访问的标准 API，这些 API 利用 SQL 来完成其大部分任务。ODBC 本身也提供了对 SQL 的支持，用户可以直接将 SQL 语句送给 ODBC。

OLE DB是Microsoft的数据访问模型，与ODBC不同的是，OLE DB访问数据源使用的不是SQL查询语言。它使用组件对象模型（COM）接口，能提供对所有类型数据的操作。

ADO.NET是一组可以用于和多种不同类型的数据源进行交互的面向对象类库，这些数据源可以是数据库，也可以是文本文件、Excel表格或者XML文件。一些老式的数据源使用ODBC协议，许多新的数据源使用OleDb协议，并且还不断出现更多的数据源，这些数据源都可以通过NET的ADO.NET类库进行连接，简单来说，ADO.NET提供了一组与数据源进行交互的相关的公共方法，使应用程序开发人员可以用更简单、更通用的方法来访问数据库。

第10章

1. 简述备份方式的区别和联系。

答： 完整备份操作比较简单，在恢复时只需要一步就可以将数据库恢复到以前的状态。完整备份是备份的基础，提供了任何其他备份的基准，其他备份只能在执行完整备份之后才能被执行。

差异备份仅包含基准备份之后更改的数据区，差异备份执行速度快，备份时间短，可以相对频繁地进行，以降低数据丢失的风险。

事务日志备份中包括了在前一个日志备份中没有备份的所有日志记录。只有在完整恢复模式和大容量日志恢复模式下才会有事务日志备份。

2. 从数据库备份中如何恢复？

答： 数据库恢复是指将数据库备份加载到系统中的过程。数据库备份后，一旦系统发生崩溃或执行了错误的数据库操作，就可以从备份文件中恢复数据库。SQL Server中包括三种恢复模式，分别是简单恢复模式、完整恢复模式和大容量日志恢复模式。①简单恢复模式：只允许数据库恢复到上一次的备份。这种模式的备份策略由完整备份和差异备份组成。简单恢复模式能够提高磁盘的可用空间，但是该模式无法将数据库还原到故障点或者特定的时间点。②完整恢复模式：此模式下完整地记录了所有事务，所有操作被写入日志，所以可以将数据库完全还原到特定时间点。③大容量日志模式：大容量日志恢复模式是对完全恢复模式的补充，此模式简略地记录大多数大容量操作，如索引创建和大容量加载等，完整地记录其他事务。

3. 某企业的数据库每周日晚12点进行一次全库备份，每天晚12点进行一次差异备份，每个小时进行一次日志备份，数据库在2021年5月26日（星期三）3:30崩溃，应如何将其恢复使数据损失最小？

答： 使用NO RECOVERY选项恢复2021/5/23（周日晚12点）的全库备份；使用NO RECOVERY选项恢复2021/5/25（周二12点）的差异备份；使用NO RECOVERY选项恢复2021/5/26（周三）1点的日志备份；使用RECOVERY选项恢复2021/5/26（周三）2点的日志备份，这样损失只有半个小时。